4. Klasse
Volksschule

MATHEMATIK

Kompetent AUFSTEIGEN ... Junior

Erfolgreich starten in die AHS • Mittelschule!

Mit Lösungsheft

Jarausch / Stangl

G&G

www.ggverlag.at

ISBN 978-3-7074-2059-3

In der aktuell gültigen Rechtschreibung

3. Auflage 2020

Illustrationen: Elena Obermüller
Printed by Brüder Glöckler, Wöllersdorf

Inhalt

* Ein Überblick über die Bildungsstandards für Mathematik 4. Klasse befindet sich am Ende des Buches.

Liebe Eltern!
So können Sie Ihr Kind beim Üben unterstützen:

- Teilen Sie die Zeit ein und bedenken Sie:
  Arbeits- und Erholungsphasen sollen einander abwechseln!
- Die tägliche Lernzeit sollte 50 Minuten nicht überschreiten!
  Ideal wäre das Portionieren dieser Lernzeit in eine Grundarbeitszeit von etwa 30 Minuten und zwei Wiederholungseinheiten von etwa je 10 Minuten.
- Erstellen Sie gemeinsam einen Zeitplan und formulieren Sie konkrete Ziele.
- Stellen Sie begleitendes, motivierendes Material zur Verfügung: ein neues Übungsheft, einen ansprechenden Block oder eine hübsche Mappe und farbige Stifte. Für diesen Band braucht Ihr Kind ein Lineal.
- Wenn Ihr Kind konzentriert arbeitet, bringt die Arbeit den gewünschten Erfolg.
- Wenn Ihr Kind zum ersten Mal mit diesem Buch arbeitet, empfiehlt es sich, die Seiten der Reihe nach zu bearbeiten.
- Bestärken Sie Ihr Kind darin, die Übungen im Buch mit Bleistift in einer netten Schrift zu schreiben, das Korrigieren wird dadurch erleichtert.
- Das Vergleichen der Ergebnisse mit dem Kontrollheft sollten Sie gemeinsam mit Ihrem Kind durchführen. Beim Vergleichen radieren Sie bitte Falsches aus und wiederholen Sie mit Ihrem Kind gemeinsam die Aufgabe.
  Nur Richtiges soll im Buch stehen!
- Wenn Ihr Kind in einem Kapitel auffallend viele Fehler gemacht hat, gehen Sie dieses Kapitel noch einmal gemeinsam durch.
- Sorgen Sie für eine entspannte und ruhige Atmosphäre bei der Arbeit.
- Loben Sie Ihr Kind für Erfolge, aber auch für den Fleiß!

Viel Freude bei der Arbeit mit Ihrem Kind wünschen Ihnen

Susanna Jarausch und Ilse Stangl

Bevor du beginnst

Du hast ein neues Ziel. Du willst dich auf das nächste Schuljahr gut vorbereiten. Du willst bereits Erlerntes wiederholen.

Dieses Buch kann dich dabei unterstützen:

- Arbeite etwa vier Wochen lang täglich ungefähr 50 Minuten. Mach am Wochenende Pause!
- Wenn du zum ersten Mal mit diesem Buch übst, arbeite die Seiten der Reihe nach durch.
- Besorge dir ein neues Übungsheft, einen schönen Block oder eine hübsche Mappe. Du brauchst auch farbige Stifte und ein Lineal.
- Suche dir einen ruhigen Arbeitsplatz und bereite deine Unterlagen (Buch, Heft, Stifte ...) vor. Am besten bewahrst du sie gemeinsam in einer eigenen Ferienübungsschachtel oder -tasche auf.
- Wenn du die Übungen im Buch mit Bleistift in einer netten Schrift schreibst, behältst du leichter den Überblick.
- Lass dir beim Kontrollieren von einem Erwachsenen helfen. Radiere Falsches aus, denn nur Richtiges soll im Buch stehen!

Viel Spaß und Erfolg wünschen dir

Ilse und Susanna

Addition

Was ist das?
Die Addition ist eine Grundrechnungsart. Dabei werden Zahlen zusammengezählt. Das Operationszeichen ist Plus (+).
Bei der schriftlichen Addition werden die Zahlen nach Stellenwerten geordnet untereinandergeschrieben.
Das heißt: Einer unter Einer, Zehner unter Zehner ...

Signalwörter in Textaufgaben:
gib dazu, zusammen, insgesamt, plus, und, Gesamtsumme, Summe, addiere ...
Wenn du in der Angabe einer Textaufgabe eines dieser Signalwörter siehst, löse die Rechnung oder diesen Teil der Aufgabe mit Hilfe der Addition.

Umkehraufgabe:
Die Umkehraufgabe der Addition ist die Subtraktion.
Als Probe für die Addition verwende die Subtraktion.

z. B.: 3 + 4 = 7   Probe: 7 – 3 = 4   oder   7 – 4 = 3

Bei der Probe durch eine Subtraktion ziehst du immer einen Summanden von der Summe ab und erhältst den anderen Summanden.

Auch das musst du wissen:

456 Summand 789 Summand 1 245 Summe	Das Operationszeichen Plus (+) wird bei der schriftlichen Addition meist nicht angeschrieben. Summand plus (+) Summand ist gleich (=) Summe. Du kannst beliebig viele Summanden addieren.

Merke dir besonders:
Beginne beim Einer des untersten Summanden zu rechnen.

```
T HZE
  456
  789
1 245
```

Dein Rechenspruch:

9 + 6 = 15   5 an, 1 weiter
1 + 8 + 5 = 14   4 an, 1 weiter
1 + 7 + 4 = 12

Zusammenfassung

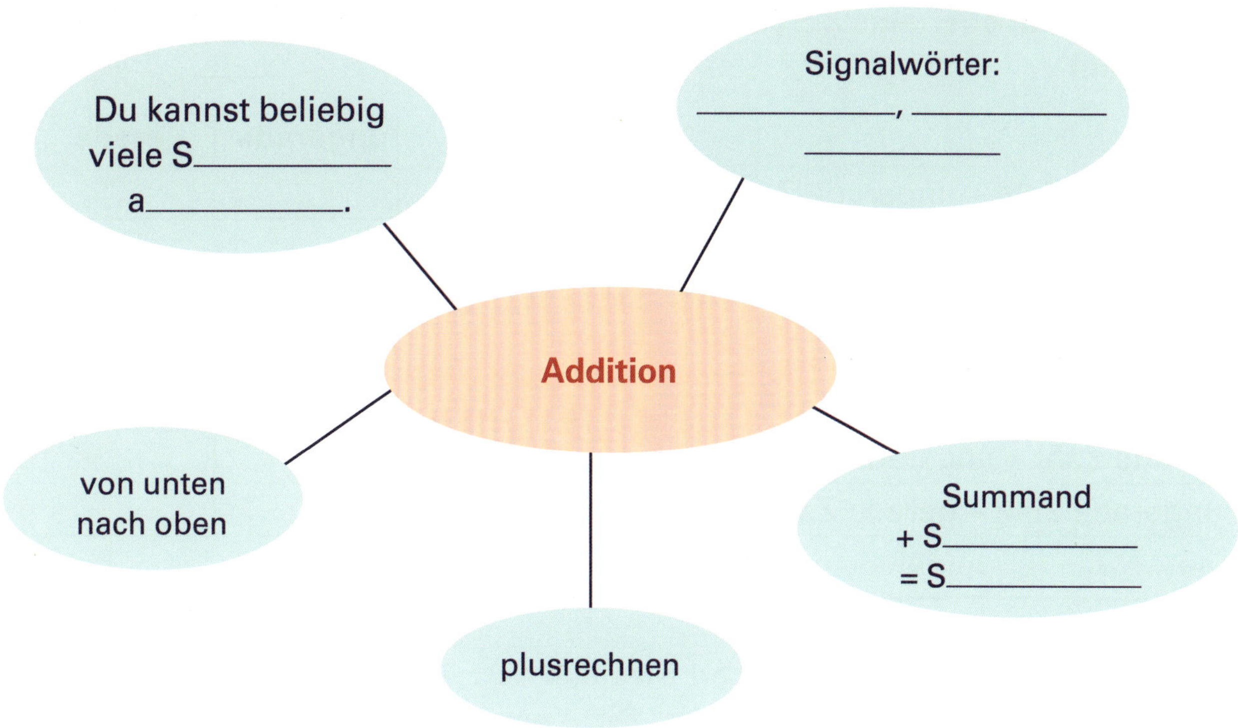

1 **Bilde jeweils aus benachbarten Zahlen die angegebene Summe! Kreise die Zahlen ein!**

Beispiel: Summe 10

5	6	4	1	6 + 4 = 10
5	4	7	3	7 + 3 = 10
2	8	9	6	2 + 8 = 10

Summe 11

5	6	4	1	__________
5	3	7	4	__________
4	8	3	6	__________

Summe 13

6	6	7	8	__________
4	5	9	4	__________
8	5	3	7	__________

Summe 15

8	7	2	6	__________
5	6	9	5	__________
4	5	7	8	__________

2 **Ergeben die Summanden in der Summe eine ungerade oder eine gerade Zahl? Kreuze an!**

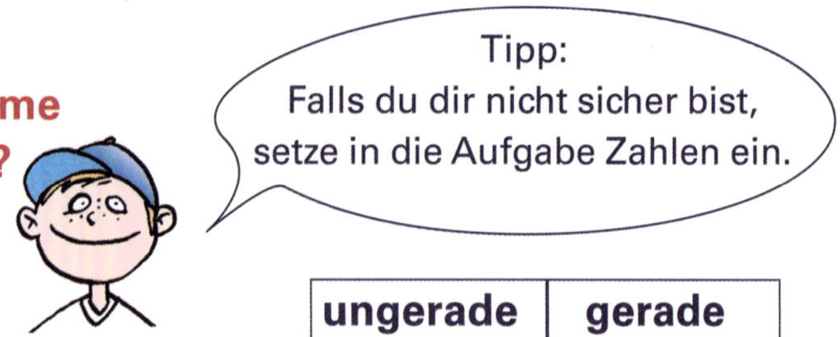

	ungerade	gerade
ungerade Zahl + ungerade Zahl		
ungerade Zahl + ungerade Zahl + ungerade Zahl		
gerade Zahl + gerade Zahl + gerade Zahl		
gerade Zahl + gerade Zahl		
ungerade Zahl + gerade Zahl		
gerade Zahl + ungerade Zahl + ungerade Zahl		
ungerade Zahl + gerade Zahl + gerade Zahl		

3 **Erinnere dich an die Signalwörter! Streiche den Auftrag durch, der nicht auf eine Addition hinweist! Bitte verwende ein Lineal!**

Bilde die Gesamtsumme!

Gib dazu!

Errechne die Summe!

Addiere!

Rechne zusammen!

Berechne den Unterschied!

4 **Addiere! Beginne beim Einer des untersten Summanden.**

254	129	163	175	314	412
315	630	525	423	105	287
267	341	519	667	937	654
378	298	47	89	106	456

5 **Diese Addition kann unmöglich stimmen! Warum? Finde zwei Gründe!**

215 + 639 = 1 147

- ☐ Weil das Ergebnis dreistellig sein muss.
- ☐ Weil das Ergebnis eine gerade Zahl sein muss.

Weil das Ergebnis einer Addition nicht über 1 000 sein darf.

Weil bei einer Addition die erste Zahl größer sein muss als die zweite.

6 **Bilde aus den Ziffern 1, 3, 6, 9 alle möglichen vierstelligen Zahlen unter 2 000 und addiere sie.**

Das Ergebnis ist
- O vierstellig.
- O fünfstellig.
- O gerade.
- O ungerade.
- O unter 10 000.
- O über 10 000.

7 **Schreibe diese Rechnungen richtig untereinander und rechne sie aus! Verwende ein Lineal und unterstreich das Ergebnis doppelt mit einem Buntstift!**

123 + 456 | **902 + 79** | **683 + 138** | **723 + 277** | **340 + 279** | **503 + 109**

8 **Addiere! Beginne beim Einer des untersten Summanden!**

478	117	163	139	183	197
259	231	127	156	168	264
145	169	189	133	147	155

39	108	139	167	139	197
21	66	158	198	167	189
18	82	87	189	188	276
25	106	98	63	67	97

9 **Wähle aus jedem Kästchen eine Zahl und bilde die Summe!**
Die Summe soll zwischen 850 und 900 liegen.
Wie viele Möglichkeiten findest du?

715
138
504

359
182
637

Es gibt ___ Möglichkeiten.

10 **Diese sieben Zahlen sollen zu 327 addiert werden.**
Die Summe muss eine gerade Zahl sein und zwischen 700 und 750 liegen.
Mit welchen Zahlen ist das möglich? Kreise ein!

357 413 425
374 433
386 421

11 **Gesucht ist das Ergebnis der Addition aus zwei geraden Zahlen, die zwischen 350 und 355 liegen.**

12 **Addiere! Beginne beim Einer des untersten Summanden!**

21 356	59 070	36 524	70 830	45 769	24 618
31 982	48 701	18 963	12 089	61 985	99 999

34 567	91 234	56 782	89 123	23 456	71 023
345	89	981	56	678	1 234
9 832	56	20 340	304	4 501	29

13 **Die Summe einer Addition lautet 9 999.**
In dieser Zahl kommt die Ziffer 9 viermal vor.
Welche Summanden wurden addiert?
Für beide Summanden gilt: Jede Ziffer darf nur einmal verwendet werden.
Finde drei Möglichkeiten!

1.

2.

3.

Subtraktion

Was ist das?
Die Subtraktion ist eine Grundrechnungsart. Dabei wird die kleinere Zahl von der größeren abgezogen. Das Operationszeichen ist Minus (–).
Bei der schriftlichen Subtraktion werden die beiden Zahlen nach Stellenwerten geordnet untereinandergeschrieben.
Das heißt: Einer unter Einer, Zehner unter Zehner ...
Dabei muss immer die größere Zahl oben stehen.

Signalwörter in Textaufgaben:
minus, weniger, subtrahiere, vergleiche, ziehe ab, berechne die Differenz, um wie viel älter (größer, länger ...) ...
Wenn du in der Angabe einer Textaufgabe eines dieser Signalwörter siehst, löse die Rechnung oder diesen Teil der Aufgabe mit Hilfe der Subtraktion.

Umkehraufgabe:
Die Umkehraufgabe der Subtraktion ist die Addition.
Als Probe für die Subtraktion verwende die Addition.

8 – 2 = 6 Probe: 6 + 2 = 8

Bei der Probe durch eine Addition addierst du den Subtrahenden und die Differenz und erhältst den Minuenden.

Auch das musst du wissen:

456 Minuend – 249 Subtrahend 207 Differenz	Minuend minus (–) Subtrahend ist gleich (=) (Wert der) Differenz. Üblicherweise wird ein Subtrahend von einem Minuenden abgezogen.

Merke dir besonders:
Beginne beim Einer des Subtrahenden zu rechnen.

```
T HZE
  456
– 249 ↑
  207 |
```

Dein Rechenspruch:

9 und wie viel ist 16?	9 + 7 = 16	7 an, 1 weiter
1 + 4 = 5		
5 und wie viel ist 5?	5 + 0 = 5	0 an, 0 weiter
2 und wieviel ist 4?	2 + 2 = 4	2 an

Zusammenfassung

Subtraktion

- Du ergänzt eine k______ auf eine g______ Zahl.
- minusrechnen, abziehen, vergleichen
- Die größere Zahl muss immer ______ stehen.
- M ______ – ______ = D ______
- Signalwörter: ______, ______ ______
- Du rechnest von ______ nach ______.

14 Ergänze die benachbarten Zahlen zur angegebenen Summe!

Summe 10

7	3		4	9	

Summe 12

3		4		5			8	9	

Summe 14

	8		6	9		5			7

Summe 10

2		3		4		6			7

15 Ist die Differenz eine ungerade oder eine gerade Zahl? Kreuze an!

	ungerade	gerade
ungerade Zahl – ungerade Zahl		
gerade Zahl – gerade Zahl		
ungerade Zahl – gerade Zahl		
gerade Zahl – ungerade Zahl		

16 Subtraktionen

438	736	1 563	942	778	716
− 215	− 524	− 451	− 630	− 435	− 103
1 295	1 769	729	838	1 419	856
− 439	− 804	− 456	− 161	− 348	− 696

17 Erinnere dich an die Signalwörter! Streiche den Auftrag durch, der nicht auf eine Subtraktion hinweist!

Subtrahiere! Rechne zusammen! Ziehe ab!

Vergleiche! Berechne den Unterschied! Bilde die Differenz!

18 Diese Subtraktion kann unmöglich stimmen! Warum? Finde drei Gründe! Kreuze an!

1 876 − 39 = 970

- ☐ Weil das Ergebnis keine reine Zehnerzahl sein kann.
- ☐ Weil das Ergebnis eine ungerade Zahl sein muss.
- ☐ Weil man bei einer Subtraktion keine kleinere von einer größeren Zahl abziehen kann.
- ☐ Weil das Ergebnis vierstellig sein muss.

19 Bilde aus den Ziffern 2, 3, 7, 8 alle möglichen vierstelligen Zahlen unter 3 000. Berechne die Differenz der beiden geraden Zahlen!

Das Ergebnis ist
- ○ vierstellig.
- ○ dreistellig.
- ○ gerade.
- ○ ungerade.
- ○ eine reine Zehnerzahl.
- ○ keine reine Zehnerzahl.

20 Subtraktionen

994	585	607	1 300	2 845	367
− 128	− 269	− 229	− 778	− 1 267	− 159

3 234	877	3 004	1 026	2 905	6 001
− 1 286	− 799	− 1 785	− 937	− 1 098	− 2 785

21 Schreibe diese Rechnungen richtig untereinander und rechne sie aus! Verwende ein Lineal und unterstreich das Ergebnis doppelt mit einem Buntstift!

456 – 387 | **902 – 79** | **683 – 138** | **723 – 277** | **340 – 279** | **503 – 109**

22 Wähle aus jedem Kästchen eine Zahl und bilde die Differenz! Sie soll zwischen 400 und 600 liegen. Wie viele Möglichkeiten findest du?

Kästchen 1: 560, 945, 738

Kästchen 2: 369, 145, 286

Es gibt ☐ Möglichkeiten.

23 **Eine dieser fünf Zahlen soll von 1 579 subtrahiert werden. Die Differenz muss eine gerade Zahl sein und zwischen 800 und 850 liegen. Mit welchen Zahlen ist das möglich? Kreise ein!**

773 | 735 | 747 | 761 | 759

24 **Subtraktionen**

21 365	59 070	36 524	70 830	45 769	24 618
− 9 875	− 18 799	− 2 918	− 9 947	− 8 914	− 1 289
23 456	71 023	34 567	91 234	56 782	89 123
− 19 012	− 62 135	− 24 568	− 84 568	− 49 005	− 86 901

25 **Gesucht ist die Differenz aus der kleinsten fünfstelligen und der größten dreistelligen Zahl.**

26 **Von einer vierstelligen Zahl, die aus gleichen Ziffern besteht, wird eine dreistellige Zahl abgezogen, die auch aus gleichen Ziffern besteht. Kommen im Ergebnis auch lauter gleiche Ziffern vor?**

Multiplikation

Was ist das?
Die Multiplikation ist eine Grundrechnungsart.
Sie ist die abgekürzte Form der Addition gleicher Summanden.
Das Operationszeichen ist Mal (·, x oder am Computer *).
Bei der schriftlichen Multiplikation werden die Zahlen einzeln malgenommen.

Signalwörter in Textaufgaben:
vervielfache, das Vierfache, das x-Fache einer Zahl;
eine Person bezahlt x €, wie viel bezahlen 5 Personen?
Wenn du in der Angabe einer Textaufgabe eines dieser Signalwörter siehst, löse die Rechnung oder diesen Teil der Aufgabe mit Hilfe der Multiplikation.

Umkehraufgabe:
Die Umkehraufgabe der Multiplikation ist die Division.
Als Probe für die Multiplikation verwende die Division.

$3 \cdot 5 = 15$ Probe $15 : 5 = 3$

Bei der Probe durch eine Division dividierst du das Produkt durch den Multiplikator und erhältst den Multiplikanden.

Auch das musst du wissen:

Multiplikand · Multiplikator Produkt	Multiplikand mal (·) Multiplikator ist gleich (=) Wert des Produktes.

Merke dir besonders:
Beginne beim Einer zu rechnen.

```
T HZE
  456 · 5
2 280
```

Dein Rechenspruch:
$5 \cdot 6 = 30$ 0 an, 3 weiter
$5 \cdot 5 = 25 + 3 = 28$ 8 an, 2 weiter
$5 \cdot 4 = 20 + 2 = 22$

Zusammenfassung

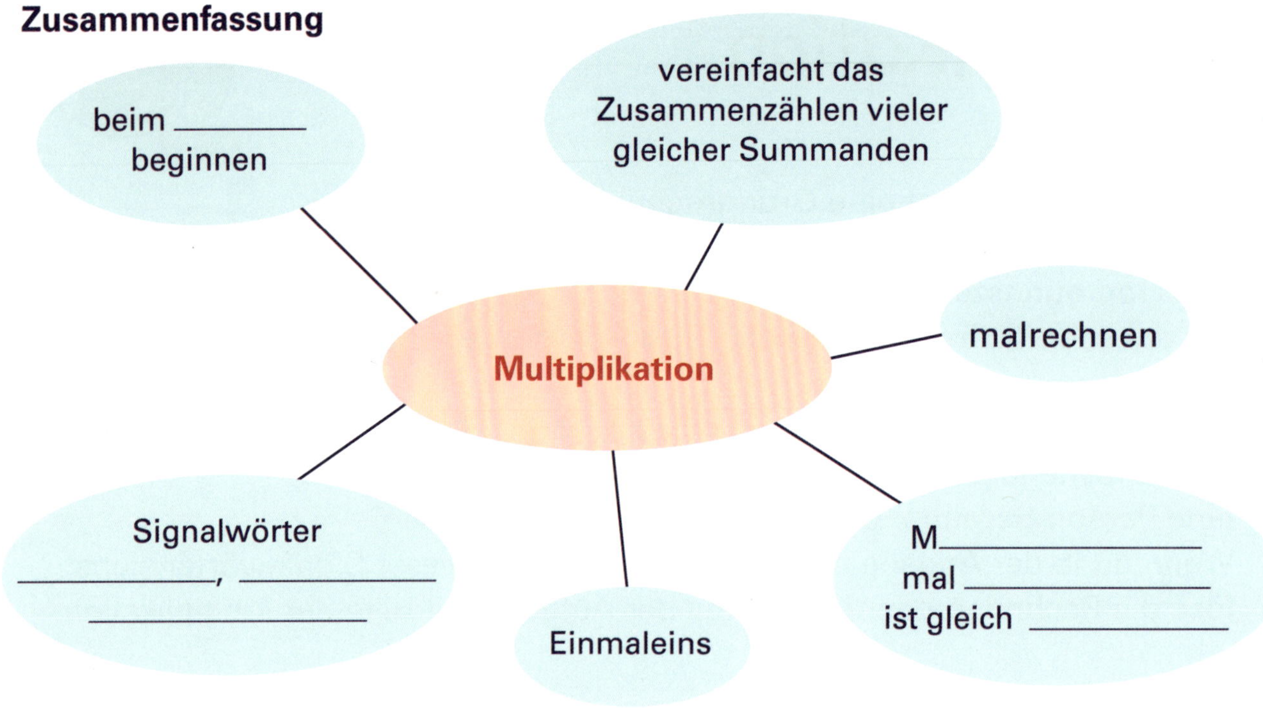

27 **Nachbarzahlen im Inneren der Blume werden multipliziert! Ergebnisse stehen im angrenzenden Blütenblatt.**

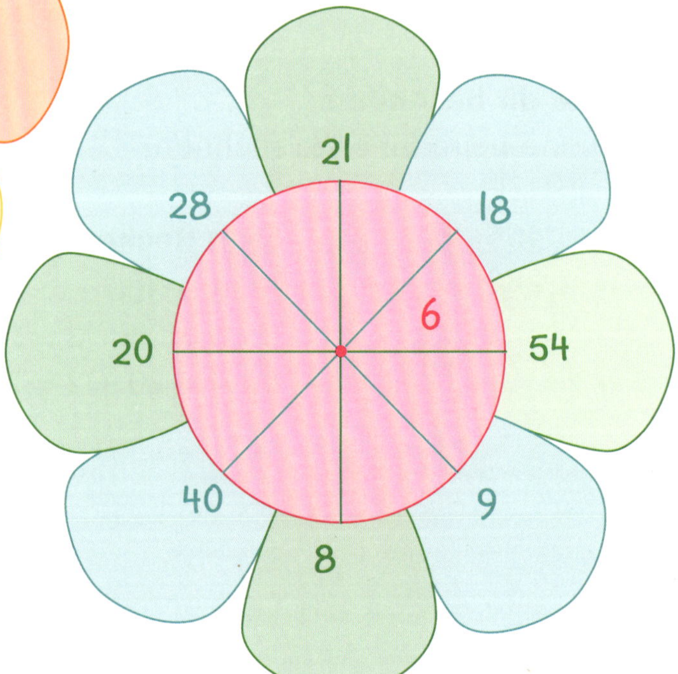

28 Welche dieser Aufgaben lassen sich am schnellsten lösen? Kreuze an und begründe!

- O 6 · 7 · 5
- O 7 · 6 · 5
- O 5 · 6 · 7
- O 5 · 7 · 6
- O 7 · 5 · 6
- O 6 · 5 · 7

Begründung:

---

29 Multiplikationen

315 · 4	635 · 3	525 · 2	175 · 4
267 · 9	341 · 8	519 · 7	287 · 3
667 · 6	937 · 5	654 · 3	89 · 9

---

30 Erinnere dich an die Signalwörter! Streiche den Auftrag durch, der nicht auf eine Multiplikation hinweist!

Vervielfache! Berechne das Produkt! Subtrahiere!

Multipliziere! Berechne das Siebenfache!

---

31 Diese Multiplikation kann unmöglich stimmen! Warum? Finde die richtige Begründung! Kreuze an!

326 · 5 = 2 835

- ☐ 5 · 6 = 30, daher muss an der Einerstelle 0 stehen.
- ☐ Das Ergebnis muss eine dreistellige Zahl sein.
- ☐ Weil das Ergebnis fünfstellig sein muss.

32 Multiplikationen

108 · 9	404 · 7	370 · 2	198 · 6
4012 · 7	1234 · 3	2076 · 7	2700 · 5
5708 · 3	7065 · 9	2890 · 7	9763 · 4

33 Bilde aus den Ziffern 4, 6, 7, 9 alle möglichen geraden Zahlen unter 5 000. Multipliziere jeweils mit 4!

Die Ergebnisse sind
- ○ fünfstellig.
- ○ vierstellig.
- ○ gerade.
- ○ ungerade.
- ○ größer als 20 000.
- ○ größer als 19 000.

34 Wähle aus jedem Kästchen eine Zahl und bilde das Produkt! Es soll zwischen 1 000 und 2 000 liegen. Wie viele Möglichkeiten findest du?

166, 341, 238	7, 5, 6

Es gibt ☐ Möglichkeiten.

35 **Eine dieser fünf Zahlen soll mit 3 multipliziert werden. Das Produkt muss eine ungerade Zahl sein und größer als 45 000. Mit welcher Zahl ist das möglich?**

14 828

14 977

15 056

15 425

15 854

36 **Multiplikationen**

1 322 · 9	2 340 · 2	3 056 · 8	4 507 · 3
10 786 · 5	12 304 · 6	7 004 · 4	8 594 · 7
2 020 · 5	5 808 · 8	2 469 · 5	7 613 · 6

37 **Gesucht ist das Produkt aus der größten dreistelligen und der größten einstelligen Zahl.**

38 **Eine vierstellige Zahl, die aus gleichen Ziffern besteht, wird mit einer einstelligen Zahl multipliziert. Der Multiplikator besteht wiederum aus derselben Ziffer. Das Ergebnis soll ebenfalls vier gleiche Ziffern enthalten. Mit welchen Zahlen ist das möglich?**

Division

Was ist das?
Die Division ist eine Grundrechnungsart.
Zahlen werden geteilt.
Das Operationszeichen ist Geteilt (:, am Computer ÷ oder /). Bei der schriftlichen Division werden die Zahlen nebeneinander angeschrieben.

Signalwörter in Textaufgaben:
teile, dividiere, wie oft enthalten, durchschnittlich, für jeden ...
Wenn du in der Angabe einer Textaufgabe eines dieser Signalwörter siehst, löse die Rechnung oder diesen Teil der Aufgabe mit Hilfe der Division.

Umkehraufgabe:
Die Umkehraufgabe der Division ist die Multiplikation.
Als Probe für die Division verwende die Multiplikation.

27 : 9 = 3 Probe: 3 · 9 = 27

Bei der Probe durch eine Multiplikation multiplizierst du den Quotienten mit dem Divisor und erhältst den Dividenden.

Auch das musst du wissen:

Dividend : Divisor = Quotient
Dividend durch (:) Divisor ist gleich (=) Quotient.

Ein guter Tipp:
Beginne damit, die Stellenwertanzahl des Ergebnisses zu bestimmen.

```
T HZE
8 640 : 9 = 960
  54
   00
```

Dein Rechenspruch:
9 ist in 86 9-mal enthalten. 9 an (hinter =)
Rest errechnen: 9 x 9 ist 81
und wie viel ist 86?
Und 5 ist 86 (wird unter die 6 geschrieben).
WICHTIG: Der Rest muss kleiner sein als der Divisor!
5 < 9 ➤ stimmt!
Nächste Stelle 4 herab (wird neben den Rest geschrieben – jetzt steht dort 54).
Weiter mit: 9 ist in 54 wie oft enthalten? ...

Zusammenfassung

Division

„in"-rechnen
teilen
messen

Stellenwert des Quotienten bestimmen

kein Strich unter der Rechnung

D_____________ durch
D_____________ ist gleich
Q_____________

Signalwörter:
_____________, _____________
____

39 Schreibe neben jede Zahl alle einstelligen Divisoren, durch die sie restlos geteilt werden kann.

81	**3, 9**	56	
78		54	
75		52	
72		49	
70		46	
69		45	
64		42	
62		40	

40 Divisionen

4 862 : 2 = ________   8 448 : 4 = ________   9 663 : 3 = ________

6 743 : 5 = ______   9 461 : 6 = ______   8 736 : 7 = ______

---

41 **Erinnere dich an die Signalwörter!**
Streiche den Auftrag, der nicht auf eine Division hinweist!

Errechne den Quotienten!   Dividiere!   Berechne den vierten Teil!

Berechne den Durchschnitt!   Berechne das Produkt!   Teile!

---

42 **Diese Division kann unmöglich stimmen! Warum?**
Finde zwei Gründe! Kreuze an!

26 817 : 5 = 15 363   0 Rest

- ☐ Weil die Ergebniszahl zu klein ist.
- ☐ Weil das Ergebnis vierstellig sein muss.
- ☐ Weil Rest bleiben muss. 7 an der Einerstelle ist keine Zahl aus der Fünferreihe.

---

43 **Divisionen**

14 635 : 2 = ______   22 964 : 9 = ______   22 847 : 8 = ______

48 403 : 6 = ______   68 270 : 7 = ______   90 747 : 9 = ______

44 **Bilde aus den Ziffern 3, 4, 5, 6 alle möglichen ungeraden Zahlen zwischen 4 500 und 5 000.**
Finde mit diesen Zahlen 6 Divisionen ohne Rest!

45 **Wähle aus jedem Kästchen eine Zahl und berechne den Quotienten!**
Er soll zwischen 400 und 500 liegen. Wie viele Möglichkeiten findest du?

Kästchen 1	Kästchen 2
3 528, 1 899, 3 024	8, 7, 3

Es gibt ___ Möglichkeiten.

46 Divisionen

18 053 : 4 = ______ 77 690 : 8 = ______ 28 403 : 5 = ______

39 504 : 4 = ______ 19 008 : 9 = ______ 25 452 : 7 = ______

47 Eine dieser fünf Zahlen soll durch 4 dividiert werden.

Der Quotient muss eine gerade Zahl sein und größer als 1 000. Mit welchen Zahlen ist das möglich? Kreise ein!

3 876 4 384 4 936 4 660 3 988

48 Gib an, durch welche einstelligen Zahlen die kleinste fünfstellige Zahl restlos teilbar ist.

49 **Bei den nächsten zwei Divisionen wird jeweils zuerst durch 5 und dann durch 2 geteilt. Überlege: Können diese Divisionen einfacher gerechnet werden?**

88 880 : 5 = 17 776	17 776 : 2 = 8 888
38	1 7
38	17
38	16
30	0 R
0 R	

Einfachere Lösung:

Warum ist das so? ______________________________

67 890 : 2 = ________

33 945 : 5 = ________

Einfachere Lösung:

Findest du auch hier eine Lösung, wie die Rechnung einfacher gerechnet werden kann?

30 850 : 25 = ________

Quiz I

Addition / Subtraktion / Division / Multiplikation
In den letzten Kapiteln hast du alles Notwendige über die vier schriftlichen Grundrechnungsarten gelernt. Auf diesen Quizseiten sollst du nun überprüfen, ob du dir alles gemerkt hast.

1. Setze in den folgenden Text die fehlenden Wörter sinngemäß richtig ein!

**Multiplikation, Strichrechnungen, stellenwertgenau,
Division, Addition, Subtraktion**

Die ______________ ist eine Rechenart, bei der Summanden zusammengezählt werden. Die Umkehraufgabe dieser Rechenart ist die ______________. Beides sind ______________. Die einzige schriftliche Rechenart, bei der die Zahlen ohne Unterstreichung angeschrieben werden, ist die ______________. Sie ist eine Punktrechnung und ihre Umkehraufgabe heißt ______________. Bei Plus-, Minus- und Mal-Aufgaben ist es wichtig, alle Zahlen ______________ untereinander aufzuschreiben.

**2. Welche Grundrechnungsart wird beschrieben?
Verbinde die Begriffe richtig!**

plusrechnen		malnehmen
Punktrechnung		Dividend
Divisor		Summanden
Multiplikator	**Addition**	Minuend
Summe	**Subtraktion**	messen
Strichrechnung	**Multiplikation**	Punktrechnung
Subtrahend	**Division**	minusrechnen
Quotient		Differenz
Produkt		Strichrechnung
teilen		Multiplikand

3. Entscheide dich für die richtige Antwort:

Bei welcher Rechenart muss immer die größere Zahl oben stehen?

O Subtraktion   O Addition   O Division   O Multiplikation

Bei welcher Rechenart können beliebig viele Zahlen untereinander angeschrieben werden?

O Subtraktion   O Addition   O Division   O Multiplikation

Der Doppelpunkt als Operationszeichen gehört zur

O Subtraktion.   O Addition.   O Division.   O Multiplikation.

Wie heißt die Umkehraufgabe der Division?

O Subtraktion   O Addition   O Division   O Multiplikation

Der Quotient ist das Ergebnis der

O Subtraktion.   O Addition.   O Division.   O Multiplikation.

Die Summe ist das Ergebnis der

O Subtraktion.   O Addition.   O Division.   O Multiplikation.

Das Ergebnis der Subtraktion heißt

O Summe.   O Differenz.   O Produkt.   O Quotient.

Wie heißt das Ergebnis der Multiplikation?

O Summe   O Differenz   O Produkt   O Quotient

Alles richtig?
Vergleiche mit den Lösungsseiten!
Gratulation!

Das kannst du nun:

🙂 Ich kenne mich gut aus.

😐 Ich kenne mich ein bisschen aus.

🙁 Das muss ich wiederholen/neu lernen.

	🙂	😐	🙁
Ich weiß, welches Operationszeichen zur Addition gehört.			
Ich kenne alle Fachausdrücke zur Addition.			
Ich beherrsche den Rechenspruch zur Addition.			
Ich kenne Signalwörter in Textaufgaben, die auf eine Addition hinweisen.			
Ich kann mehrstellige Zahlen stellenwertrichtig untereinanderschreiben.			
Ich kann Additionen fehlerfrei ausrechnen.			
Ich kann die Summe als Ergebnis der Addition erkennen.			
Ich weiß, welches Operationszeichen zur Subtraktion gehört.			
Ich beherrsche den Rechenspruch zur Subtraktion.			
Ich kenne alle Fachausdrücke zur Subtraktion.			
Ich kenne Signalwörter in Textaufgaben, die auf eine Subtraktion hinweisen.			
Ich kann Subtraktionen fehlerfrei ausrechnen.			
Ich weiß, dass bei einer Subtraktion die größere Zahl oben stehen muss.			
Ich weiß, welches Operationszeichen zur Multiplikation gehört.			
Ich kenne alle Fachausdrücke zur Multiplikation.			
Ich kenne Signalwörter in Textaufgaben, die auf eine Multiplikation hinweisen.			

Ich beherrsche den Rechenspruch zur Multiplikation.			
Ich kann Multiplikationen fehlerfrei ausrechnen.			
Ich kann das Produkt als Ergebnis der Multiplikation erkennen.			
Ich weiß, welches Operationszeichen zur Division gehört.			
Ich kenne die Besonderheiten der Division.			
Ich beherrsche den Rechenspruch zur Division.			
Ich kenne alle Fachausdrücke zur Division.			
Ich kenne Signalwörter in Textaufgaben, die auf eine Division hinweisen.			
Ich kann Divisionen fehlerfrei ausrechnen.			
Ich kann den Quotienten als Ergebnis der Division erkennen.			
Ich kenne die Umkehraufgaben zu den vier Grundrechnungsarten.			

Runden

Was ist das?
Runden bedeutet so viel wie eine Zahl ungefähr richtig, aber z. B. nur in reinen Zehnern oder Hundertern anzugeben. Wer in einem Geschäft 98 € bezahlt, bezahlt demnach fast 100 €.

Das Rundungszeichen:
Eine gerundete Zahl erkennst du daran, dass ein Rundungszeichen (≈) davorsteht.
≈ 10 bedeutet also nicht genau 10, sondern eine Zahl nahe an 10 (z. B. 9 oder 11).

Rundungsregeln:

Um den Rundungsfehler, also den Unterschied zur tatsächlichen Zahl, möglichst gering zu halten, gibt es Rundungsregeln.

Runde **ab:** 11, 12, 13, 14
Runde **auf:** 15, 16, 17, 18, 19

Auf Zehner runden:
Das bedeutet, die angegebene Zahl als reine Zehnerzahl, also mit einer 0 an der Einerstelle anzugeben.

abrunden:		aufrunden:	
	11 ≈ 10		**15** ≈ 20
	12 ≈ 10		**16** ≈ 20
	13 ≈ 10		**17** ≈ 20
	14 ≈ 10		**18** ≈ 20
			19 ≈ 20

Auf Hunderter runden:
Beachte die Zahl an der Zehnerstelle!
Bei 1, 2, 3 und 4 runde ab, d. h. du besetzt die Einer- und Zehnerstelle jeweils einfach mit einer 0.
z. B.: 122 (2 an der Zehnerstelle heißt, du musst abrunden): 122 ≈ 100
Die Hunderterstelle bleibt gleich.

Bei 5, 6, 7, 8 und 9 runde auf den nächsten Hunderter auf.
z. B.: 185 (8 an der Zehnerstelle heißt, du musst aufrunden): 185 ≈ 200
Die Hunderterstelle verändert sich.

Zusammenfassung

beim zweistelligen Dividieren: 31 ist in 94 so oft wie 30 in 90

abrunden

1, 2, 3, 4 werden ______________

Über das Runden von Zahlen:
Manchmal ist es nicht nötig, genaue Zahlen zu wissen und man kann die Zahlen so runden, dass mit den gerundeten Zahlen leichter gerechnet werden kann.

aufrunden

5, 6, 7, 8, 9 werden ______________

50 Setze zuerst die Zehner- und Einerstelle ein! Fülle dann die Tausender- und die Hunderterstelle ein! Es soll sich die gerundete Zahl ergeben! Wie viele Lösungen findest du?

Beispiel

Z 6 E 2

T	H	Z	E	≈	
1	9	6	2	≈ 2 000	aufrunden
2	0	6	2	≈ 2 000	abrunden

Z 8 E 7

T	H	Z	E	≈
				≈ 5 000
				≈ 5 000

Z 9 E 6

T	H	Z	E	≈
				≈ 1 000
				≈ 1 000

Z 2 E 4

T	H	Z	E	≈
				≈ 4 000
				≈ 4 000

51 Bei den folgenden Zahlen musst du aufrunden.

9 ≈ ______ 46 ≈ ______ 89 ≈ ______

38 ≈ ______ 495 ≈ ______ 1 758 ≈ ______

287 ≈ ______ 8 ≈ ______ 686 ≈ ______

825 ≈ ______ 79 ≈ ______ 4 885 ≈ ______

52 **Bei den folgenden Zahlen musst du abrunden.**

11 ≈ ______	1 241 ≈ ______	104 ≈ ______
122 ≈ ______	14 ≈ ______	4 211 ≈ ______
31 ≈ ______	432 ≈ ______	144 ≈ ______
324 ≈ ______	1 133 ≈ ______	3 004 ≈ ______

53 **Runde auf reine Zehner! Achte dabei auf die Einerstelle! Entscheide, ob du aufrunden oder abrunden musst.**

321 ≈ ______	1 824 ≈ ______	61 ≈ ______
468 ≈ ______	286 ≈ ______	5 887 ≈ ______
917 ≈ ______	878 ≈ ______	8 432 ≈ ______
72 ≈ ______	1 077 ≈ ______	1 438 ≈ ______

54 **Runde auf reine Hunderter! Achte dabei auf die Zehnerstelle! Entscheide, ob du aufrunden oder abrunden musst.**

127 ≈ ______	355 ≈ ______	4 250 ≈ ______
1 886 ≈ ______	98 ≈ ______	368 ≈ ______
4 121 ≈ ______	2 178 ≈ ______	134 ≈ ______
62 ≈ ______	1 049 ≈ ______	7 777 ≈ ______

55 **Die gerundete Zahl heißt 4 800. Welche Zahlen könnten gerundet worden sein? Kreise ein!**

Multiplikation mit zweistelligem Multiplikator

Alle grundsätzlichen Informationen zur schriftlichen Multiplikation findest du auf der Seite 17.
Nun werden die Besonderheiten der Multiplikation mit einem zweistelligen Multiplikator besprochen.
Dein Grundwissen über diese Rechnungsart hast du bei den Übungen der einstelligen Multiplikation erworben.

Auch das musst du wissen:

456 Multiplikand · 32 Multiplikator
13 680
912
14 592 Produkt

Merke dir besonders:
Zuerst rechnest du mit der Zehnerstelle des Multiplikators.
Da es sich um eine Zehnerzahl handelt, musst du das Ergebnis verzehnfachen (mit einer Null).

456 · 30
13 680

Anschließend rechnest du mit der Einerstelle des Multiplikators weiter und schreibst die Einerzahl unter die Null.

456 · 32
13 680
912

Nun musst du die beiden Zahlen addieren.

456 · 32
13 680
912
14 592

Dein Rechenspruch:

3 · 6 = 18 — 8 an, 1 weiter
3 · 5 = 15 + 1 = 16 — 6 an, 1 weiter
3 · 4 = 12 + 1 = 13
mal zehn ist 13 680
2 · 6 = 12 — 2 an, 1 weiter
2 · 5 = 10 + 1 = 11 — 1 an, 1 weiter
2 · 4 = 8 + 1 = 9

Addition: 2 + 0 = 2, 1 + 8 = 9, 9 + 6 = 15 5 an, 1 weiter
1 + 3 = 4, 0 + 1 = 1

56 Multiplikationen mit zweistelligem Multiplikator

315 · 14	635 · 23	525 · 42	175 · 24

57

257 · 29	41 · 58	59 · 72	286 · 31

58

567 · 45	971 · 25	354 · 33	841 · 49

59

204 · 23	1 404 · 70	1 537 · 42	191 · 79

60

555 · 55	123 · 45	678 · 91	700 · 66

Division mit zweistelligem Divisor

Alle grundsätzlichen Informationen zur schriftlichen Division findest du auf Seite 22.
Nun werden die Besonderheiten der Division mit einem zweistelligen Divisor besprochen.
Dein Grundwissen über diese Rechnungsart hast du bei den Übungen der einstelligen Division erworben.

Das weißt du schon:
Dividend : Divisor = Quotient
Dividend durch (:) Divisor ist gleich (=) Quotient

Ein guter Tipp:
Runde den Divisor!
Schätze dann ab, wie oft die Zehnerstelle des Divisors in der Zehnerstelle der Anfangsziffern des Dividenden enthalten ist.

Dein Rechenspruch:

84 645 : 91 = 930	91 runde ich ab, daher 90
2 74	90 ist in 846 (so oft wie 9 in 84, also)
015	9-mal enthalten.
	9 an (neben dem =)

Rest errechnen:
Achtung: Nun musst du mit dem richtigen Divisor rechnen, nicht mit dem gerundeten!
9 x 1 = 9 und wie viel ist 16?
Und 7 ist 16, 7 an (wird unter die Zahl 6 geschrieben), 1 weiter.
9 x 9 = 81 + 1 (von 1 weiter) = 82 und wie viel ist 84?
Und 2 ist 84 (2 wird unter 4 geschrieben).
Wichtig: Der Rest muss kleiner sein als der Divisor!
27 < 91 ➤ stimmt!
Nächste Stelle 4 herab (wird neben den Rest geschrieben), jetzt steht dort 274
Weiter mit: 91 ist in 274 so oft wie 9 in 27, also ...

Auch das musst du wissen:

Durch das Runden ist die Ergebniszahl, die du hinschreibst, oft nur eine Schätzung. Darum ist es ratsam, zuerst mit Bleistift zu rechnen. Besonders wird dir das bei Zahlen auffallen, die an der Einerstelle 4, 5 oder 6 stehen haben.
Wie erkennst du, ob die richtige Ergebniszahl höher oder niedriger sein muss? Wenn der Rest größer ist als der Divisor, dann passt dieser Divisor noch einmal (oder gar öfter) in diesen Rest, daher: vergrößere die Ergebniszahl und berechne den Rest neu.

61 **Divisionen mit zweistelligem Divisor**

34 862 : 20 = ______ 58 448 : 40 = ______ 96 653 : 30 = ______

61 743 : 51 = ______ 94 761 : 61 = ______ 87 436 : 71 = ______

62 74 465 : 29 = ______ 22 964 : 19 = ______ 92 736 : 89 = ______

48 502 : 62 = ______ 67 380 : 72 = ______ 90 537 : 92 = ______

63 18 043 : 48 = ______ 25 690 : 38 = ______ 27 403 : 58 = ______

38 565 : 45 = ______ 19 285 : 95 = ______ 25 425 : 75 = ______

Umkehrproben der Grundrechnungsarten

Was ist das?
Zu jeder Grundrechnungsart gibt es eine „Umkehrrechnung".
Mit der Umkehrrechnung kannst du das Ergebnis deiner Rechnung überprüfen.

Was gehört zusammen?
Die Strichrechnungen + und – (Addition und Subtraktion) sowie die Punktrechnungen · und : (Multiplikation und Division) kontrollieren einander gegenseitig.

Wie wird überprüft?

Strichrechnungen:

Subraktion:	Kontrolle:
487	231
– 256	+ 256
231	487

Mit der Addition ...

... überprüfst du eine Subraktion.

Addition:	Kontrolle:
334	601
267	– 267
601	334

Mit der Subraktion ...

... überprüfst du eine Addition.

Punktrechnungen:

Division:	Kontrolle:
7 168 : 28 = 256	256 · 28
156	5120
168	2048
00 R	7168

Mit der Multiplikation ...

... überprüfst du eine Division.

Multiplikation:

436 · 27
8720
3052
11 772

Kontrolle:

11 772 : 27 = 436
97
162
00 R

Mit der Division …

… überprüfst du eine Multiplikation.

Zur Veranschaulichung:

700 + 500 = 1200 − 500 = 700

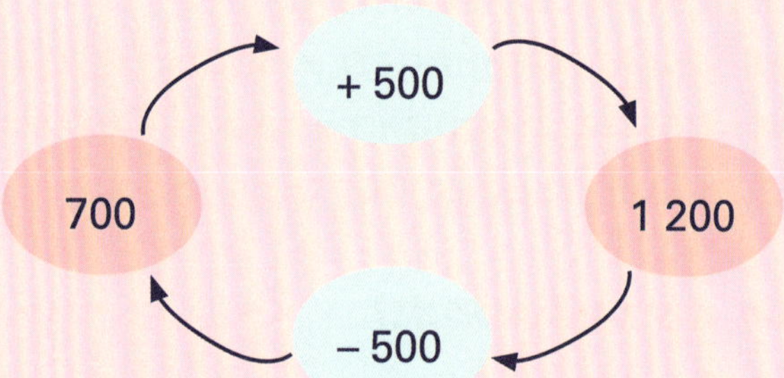

700 · 5 = 3 500 : 5 = 700

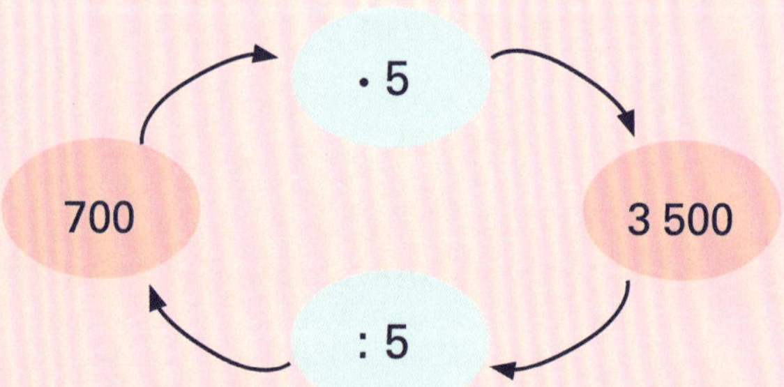

Auch so kannst du Rechnungen überprüfen:

Addition:
Rechne die Summanden erst von unten nach oben, danach zur Kontrolle von oben nach unten.

4 496 **Rechne erst:** ↑ 4 + 8 + 6
3 928
194 **Zur Kontrolle rechne:** ↓ 6 + 8 + 4
8 618

Multiplikation:
Vertausche den Multiplikand und den Multiplikator.

Rechnung:	**Kontrolle:**
38 · 27	27 · 38
760	810
266	216
1 026	1 026

64 **Rechne die folgenden Strichrechnungen aus und überprüfe mit der Umkehrprobe dein Ergebnis.**

748 369	Probe:	967 – 472	Probe:
4 527 3 838	Probe:	4 427 – 953	Probe:
51 937 37 425	Probe:	68 365 – 9 367	Probe:

65 **Finde die richtige Umkehraufgabe! Beschreibe die Fehler!**

34 816
19 237
54 053

1. Probe	**2. Probe**	**3. Probe**
54 053	54 053	34 816
– 19 237	– 34 816	– 19 237
34 826	19 237	15 579

66 **Diese Division kann unmöglich stimmen! Warum? Finde zwei Gründe! Kreuze an!**

26 486 : 34 = 77 905

- ☐ Weil die Ergebniszahl zu klein ist.
- ☐ Weil das Ergebnis dreistellig sein muss.
- ☐ Weil kein Rest angegeben wurde.
- ☐ Weil das Ergebnis nicht größer sein darf als die erste Zahl.

67 **Rechne eine Multiplikation mit einem beliebigen vierstelligen Multiplikanden und einem zweistelligen Multiplikator. Überprüfe das Ergebnis mit der Umkehrrechnung.**

68

		__	__	8	·	2	7	
		__	__	6				
		3		0	6			
	__	__	3	__	__			

---

69 **Überprüfe! Was stimmt? Kreuze an!**

75 000 : 26 = 2 884	2884 · 26
23 0	5768
2 20	17304
120	74984
16 R	

- ○ Der Fehler liegt in der Division.
- ○ Der Fehler liegt in der Multiplikation.
- ○ Es muss erst der Rest zum Ergebnis der Multiplikation dazugerechnet werden.

70 **Rechne die folgenden Punktrechnungen aus und überprüfe mit der Umkehrprobe dein Ergebnis.**

547 · 83

Probe:

698 · 42

Probe:

34 879 · 57

Probe:

43 792 : 56 =

Probe:

22 382 : 38 =

Probe:

99 999 : 53 =

Probe:

Quiz 2

Runden / Multiplikation zweistellig / Division zweistellig / Umkehrproben

In den letzten Kapiteln hast du viel Neues gelernt. Auf diesen Quizseiten sollst du nun überprüfen, ob du dir alles gemerkt hast.

1. Setze in den folgenden Text die fehlenden Wörter sinngemäß richtig ein!

überprüfen, Division, Divisor, Zehnerzahl, Multiplikation, aufgerundet, abgerundet, kleiner

Beim zweistelligen Dividieren muss der ____________ gerundet werden. Die Zahlen von 1–4 werden ______________, die Zahlen 5–9 werden ______________. Die Umkehraufgabe der Division ist die ________________.

Die Umkehraufgabe der Multiplikation ist die ____________.

Mit Hilfe der Umkehraufgabe kann man Rechnungen ______________.

Beim zweistelligen Multiplizieren beginnt man mit der ______________ des Multiplikators zu rechnen.

Beim Dividieren muss man stets darauf achten, dass der Rest ____________ ist als der Divisor.

2. Runde richtig auf oder ab!

Zehner	Hunderter	Tausender
486 ≈ __________	1 843 ≈ __________	42 536 ≈ __________
590 ≈ __________	2 525 ≈ __________	83 725 ≈ __________
838 ≈ __________	3 847 ≈ __________	188 542 ≈ __________
721 ≈ __________	7 580 ≈ __________	347 821 ≈ __________

3. Stelle fest, welche Umkehraufgaben zusammengehören!

334 · 56 18 704	17 628 : 39 = 452	12 992 : 58 = 224	536 · 27 14 472

18 704 : 56 =

452 · 39 =

224 · 58

14 472 · 536

452 : 39 =

14 472 : 27=

18 704 : 58 =

4. Kennzeichne die richtige Antwort!

Beim zweistelligen Multiplizieren muss man

O erst multiplizieren, dann addieren.
O erst multiplizieren, dann subtrahieren.

Welche Stelle entscheidet beim Runden auf reine Zehnerzahlen, ob auf- oder abgerundet wird?

O Einer O Zehner O Hunderter O Tausender

Welche Stelle entscheidet beim Runden auf reine Hunderterzahlen, ob auf- oder abgerundet wird?

O Einer O Zehner O Hunderter O Tausender

Welche Stelle entscheidet beim Runden auf reine Tausenderzahlen, ob auf- oder abgerundet wird?

O Einer O Zehner O Hunderter O Tausender

Das Rundungszeichen (es bedeutet so viel wie „ist ungefähr") sieht so aus:

* ≈ + : = • – ÷

Warum soll man beim zweistelligen Dividieren die Ergebniszahl erst mit Bleistift schreiben?

O Sie muss erst überprüft werden.
O Es sieht netter aus.

Wie heißt das Ergebnis der zweistelligen Division?

O Summe O Produkt O Quotient O Differenz

Wie heißt das Ergebnis der zweistelligen Multiplikation?

O Summe O Produkt O Quotient O Differenz

Alles richtig?
Vergleiche mit den Lösungsseiten!
Gratulation!

Das kannst du nun:

☺ Ich kenne mich gut aus.

😐 Ich kenne mich ein bisschen aus.

☹ Das muss ich wiederholen/neu lernen.

	☺	😐	☹
Ich kenne das Rundungszeichen.			
Ich kann erkennen, ob ich aufrunden oder abrunden muss.			
Ich weiß, welche Stelle beim Runden auf reine Zehnerzahlen entscheidet, ob auf- oder abgerundet wird.			
Ich weiß, welche Stelle beim Runden auf reine Hunderterzahlen entscheidet, ob auf- oder abgerundet wird.			
Ich weiß, welche Stelle beim Runden auf reine Tausenderzahlen entscheidet, ob auf- oder abgerundet wird.			
Ich weiß, mit welcher Stelle des Multiplikators ich beim zweistelligen Multiplizieren beginnen muss.			
Ich kann das Produkt als Ergebnis der Multiplikation erkennen.			
Ich kann zweistellige Multiplikationen fehlerfrei ausrechnen.			
Ich weiß, welche Stelle des Divisors entscheidet, ob auf- oder abgerundet wird.			
Ich kann zweistellige Divisionen fehlerfrei ausrechnen.			
Ich kann jede Grundrechnungsart mit einer Umkehrprobe überprüfen.			
Ich kann den Quotienten als Ergebnis der Division erkennen.			

Maßeinheiten und Maßbeziehungen

Was ist das?
Wir arbeiten hier mit genormten Maßeinheiten.
Eine Norm ist eine allgemein anerkannte, verbindliche Regel.

Längenmaße: mm, cm, dm, m, km
Flächenmaße: mm^2, cm^2, dm^2, m^2, a, ha, km^2
Gewichte: g, dag, kg, t
Hohlmaße: l, hl
Währung Euro: c, €

Auch das musst du wissen:
Zwischen den Maßeinheiten der gleichen Kategorie bestehen Maßbeziehungen.

Merke dir besonders:

Längenmaße:

1 mm (· 10) 1 cm (· 10) 1 dm (· 10) 1 m

Beachte:

1 m (· 1 000) 1 km

Flächenmaße:

1 mm^2 (· 100) 1 cm^2 (· 100) 1 dm^2 (· 100) 1 m^2 (· 100) 1 a (· 100) 1 ha (· 100) 1 km^2

Gewichte:

1 g (· 10) 1 dag (· 100) 1 kg (· 1000) 1 t

Hohlmaße:

1 l (· 100) 1 hl

Währung:

1 c (· 100) 1 €

Auch das musst du wissen:
Mehrnamige Größen bestehen aus mehreren Maßeinheiten der gleichen Kategorie.

z. B.: Längenmaße: 1 m 25 cm 44 mm
Flächenmaße: 1 km^2 3 ha
Gewicht: 4 kg 30 dag
Hohlmaße: 10 hl 45 l

Zusammenfassung

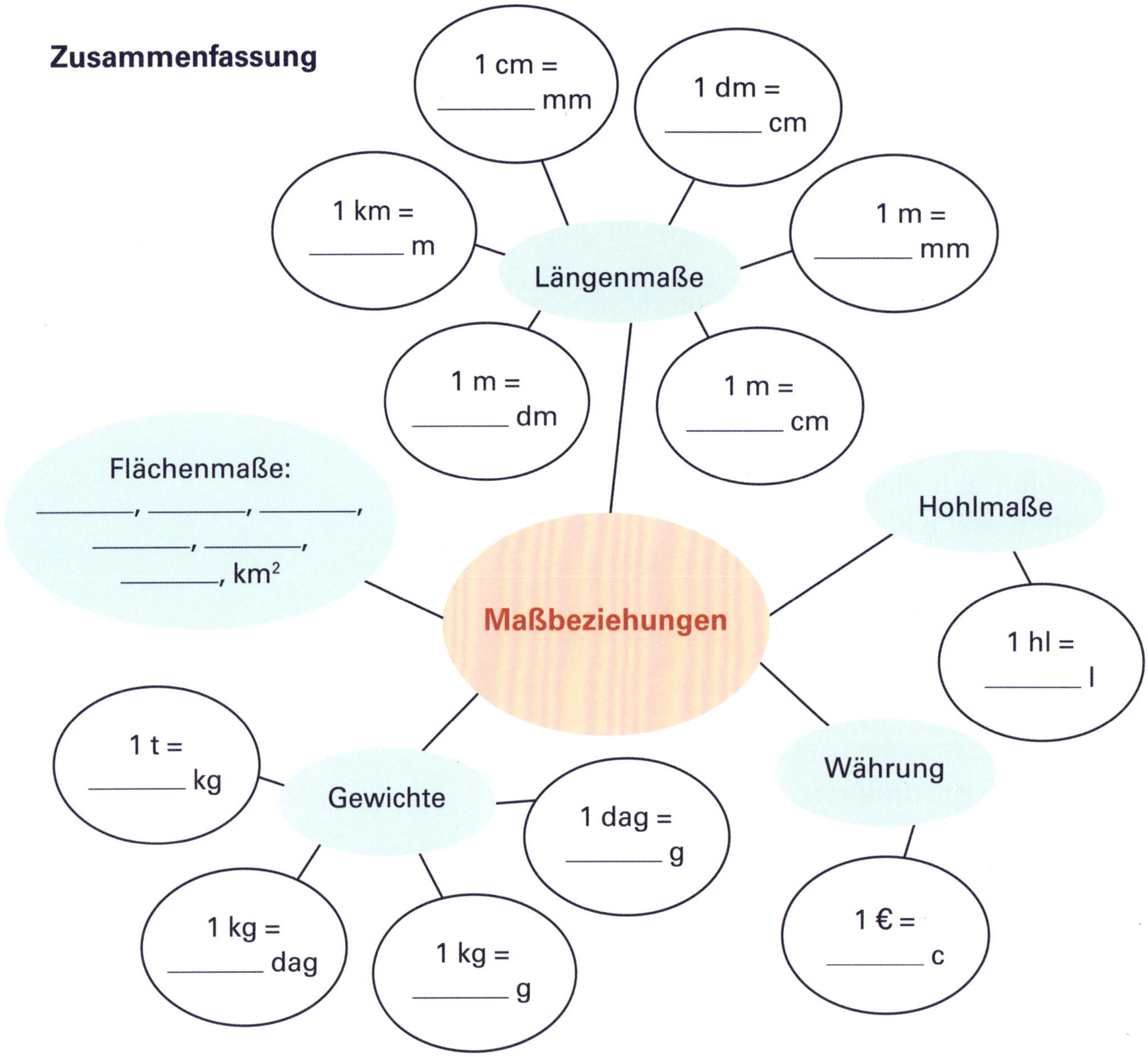

71 **Wende dein Wissen über die Maßbeziehungen hier an!**
Verwandle in die größte mögliche oder in die kleinste notwendige Einheit.
Du darfst auch mehrnamige Angaben machen.

Währung: Beispiele: 5 € = 500 c
6 080 c = 60 € 80 c = 60,80 €
10 € 10 c = 10,10 €
568 c = 5 € 68 c = 5,68 €

8 004 c = ______	70 102 c = ______
78 € 87 c = ______	100 € 1 c = ______
1 000 000 c = ______	24 050 c = ______
980 € 22 c = ______	102 030 c = ______

72 Fülle das Mindmap richtig aus!

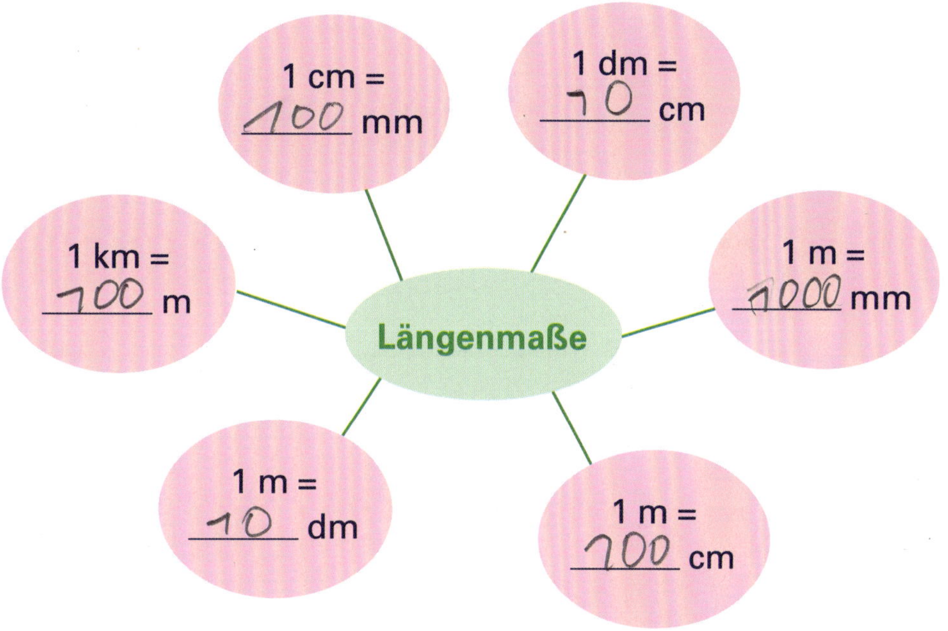

---

73 Wende dein Wissen über die Maßbeziehungen hier an!

Verwandle in die <u>größte mögliche</u> oder in die <u>kleinste notwendige</u> Einheit. Du darfst auch mehrnamige Angaben machen.

Längenmaße: Beispiele: 5 000 m = 5 km
450 cm = 4 m 5 dm
4 500 cm = 45 m
71 cm = 7 dm 1 cm

2 918 mm =	2 dm 918 mm	333 dm =	33 m 3 dm
1 000 mm =	1 m	3 dm 8 cm =	308 cm
100 000 cm =	10 dag	4 768 cm =	4 dm 768 cm
1 m 5 dm 3 cm =	10503 cm	10 270 mm =	10 cm 270 mm
1 m 5 cm =	10005 cm	100 mm =	1 km
1 000 dm =	1 km	2 378 m =	2 km 378 m
4 567 mm =	4 dag 567 mm	9 800 dm =	9 m 800 dm

74 Fülle das Mindmap richtig aus!

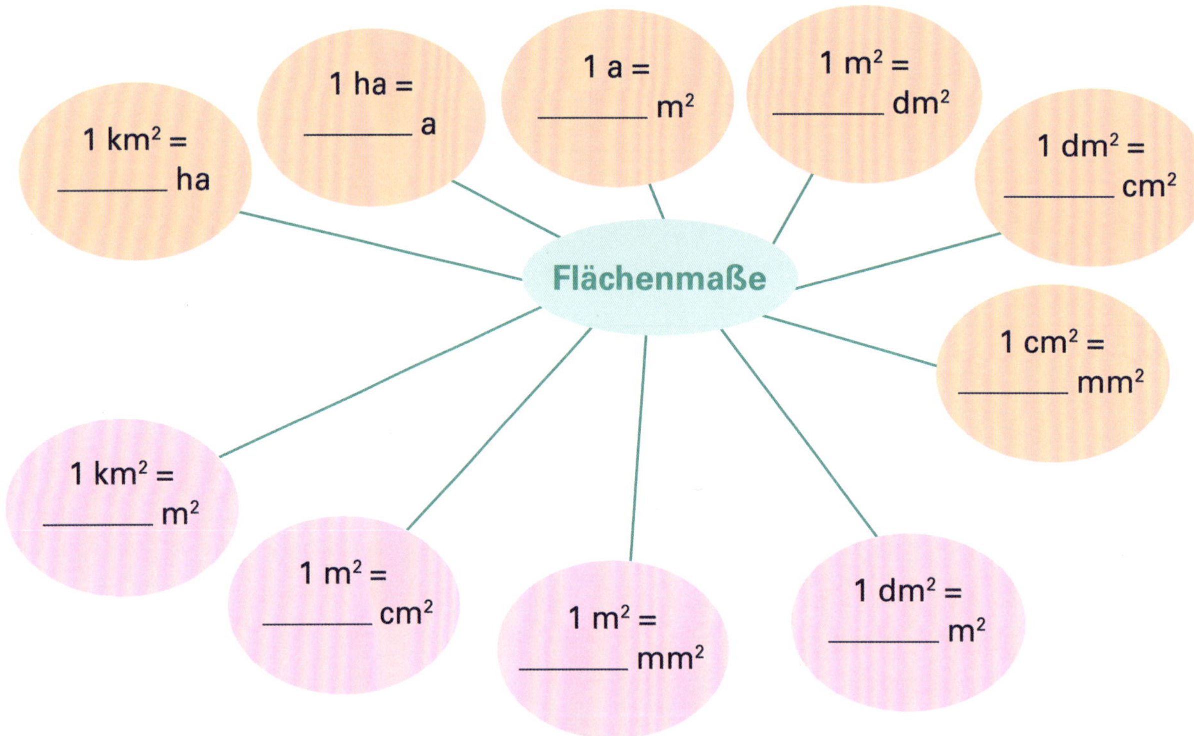

75 Wende dein Wissen über die Maßbeziehungen hier an! Verwandle in die größte mögliche oder in die kleinste notwendige Einheit. Du darfst auch mehrnamige Angaben machen.

Flächenmaße: Beispiele: 600 mm^2 = 6 cm^2
700 cm^2 = 7 dm^2
1 000 dm^2 = 10 m^2
5 678 m^2 = 56 a 78 m^2

900 cm^2 = ______	1 900 m^2 = ______
7 600 a = ______	8 800 ha = ______
4 650 mm^2 = ______	62 340 dm^2 = ______
26 789 m^2 = ______	316 253 a = ______
1 km^2 45 ha = ______	65 m^2 67 dm^2 = ______
55 dm^2 89 cm^2 = ______	6 m^2 7 dm^2 8 cm^2 = ______
85 710 m^2 = ______	9 km^2 3 ha 87 a = ______

76 Kreuze die richtigen Aussagen an!

- ○ Eine Schokoladentafel wiegt 5 kg.
- ○ Eine Badewanne ist voll, wenn 10 l Wasser darin sind.
- ○ Ein Bett ist 2 m lang.
- ○ Eine Kinokarte kostet 350 €.
- ○ Ein Klassenraum ist sehr oft zwischen 60 und 70 m^2 groß.
- ○ Eine A4-Seite ist etwa 30 cm lang und 21 cm breit.
- ○ Es gibt Milchpackungen, die 1 l enthalten.
- ○ Mit 250 c kann man sich ein Eis kaufen.
- ○ Ein Autoabstellplatz ist etwa 1 m^2 groß.
- ○ Ein Blauwal kann bis zu 200 kg wiegen.

---

77 Wende dein Wissen über die Maßbeziehungen hier an!
Verwandle in die <u>größte mögliche</u> oder in die <u>kleinste notwendige</u> Einheit. Du darfst auch mehrnamige Angaben machen.

Hohlmaße: Beispiele:

300 l = 3 hl
345 l = 3 hl 45 l
70 hl 77 l = 7 077 l
10 hl = 1 000 l

10 000 l = ____________ 4 578 l = ____________

5 hl 5 l = ____________ 9 999 l = ____________

123 456 l = ____________ 78 hl 9 l = ____________

13 hl 12 l = ____________ 1 204 l = ____________

---

78 Fülle das Mindmap richtig aus!

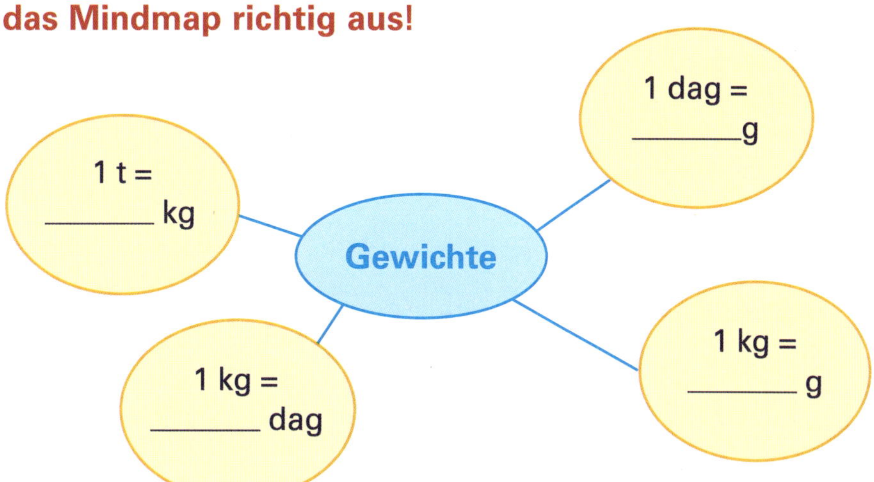

79 Wende dein Wissen über die Maßbeziehungen hier an! Verwandle in die größte mögliche oder in die kleinste notwendige Einheit. Du darfst auch mehrnamige Angaben machen.

Gewichte: Beispiele: 1 kg 5 dag = 105 dag
1 200 g = 1 kg 20 dag
2 dag 5 g = 25 g
7 t 50 kg = 7 050 kg

6 780 g = 6 kg 78 dag	1 kg 7 g = 10007 g
1 000 000 g = 10 kg	5 t 19 kg = 519 kg
5 790 g = 5 kg 79 dag	9 090 kg = 9 dag 90 kg
4 kg 4 dag 4 g = 40404 g	55 dag 7 g = 5507 g
1 000 dag = 1 kg	8 010 dag = 8 dag 10 g
1 t 566 kg = 1566 kg	56 kg 56 dag 5 g = 565605 g

80 Trage ein: ist schwerer als, ist leichter als

Mein Vater ___<___ eine Tonne.

Meine Katze ___<___ eine Tonne.

Ein Autobus ___>___ eine Tonne.

Ein Blauwal ___>___ eine Tonne.

Ein Esel ___<___ eine Tonne.

Mein Rucksack ___<___ eine Tonne.

Mein Lieblingsbuch ___<___ eine Tonne.

Das Panzernashorn ___>___ eine Tonne.

81 **Wie schwer sind diese Tiere ungefähr in Wirklichkeit? Trag die Maßeinheit ein!**

---

82 **Wende dein Wissen über die Maßbeziehungen hier an! Verwandle in die <u>größte mögliche</u> oder in die <u>kleinste notwendige</u> Einheit. Du darfst auch mehrnamige Angaben machen.**

75 dm^2 29 cm^2 = __________	81 dag 7 g = __________
36 € 7 c = __________	60 660 mm = __________
204 050 c = __________	71 hl 17 l = __________
2 t 523 kg = __________	4 078 l = __________
1 m^2 5 dm^2 3 cm^2 = __________	1 000 € 1 c = __________

Umfang

Was ist das?
Der Umfang ist die Summe aller Seitenlängen einer geometrischen Figur.
Wir beschäftigen uns hier mit dem Umfang des Rechtecks und Quadrats.

Signalwörter in Textaufgaben:
umspannen, einen Zaun aufstellen, eine Borte annähen, Sesselleisten legen, rundherum ...
Wenn du in der Angabe einer Textaufgabe eines dieser Signalwörter siehst, wirst du den Umfang berechnen müssen.

Das musst du wissen:

Die Umfangberechnung eines **Rechtecks** kann auf mehreren Wegen erfolgen.

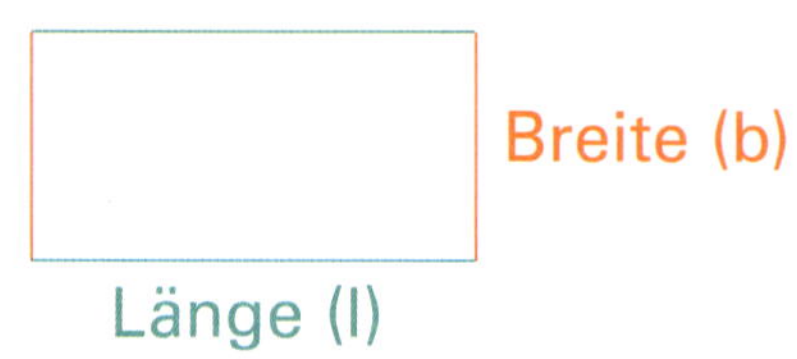

1. Variante: l + b + l + b = U(mfang)
2. Variante: 2 · l + 2 · b = U(mfang)
3. Variante: (l + b) · 2 = U(mfang)

Die Umfangberechnung eines **Quadrats** erfolgt auf eine bestimmte Weise.
Die Seitenlänge der vier Seiten ist gleich.

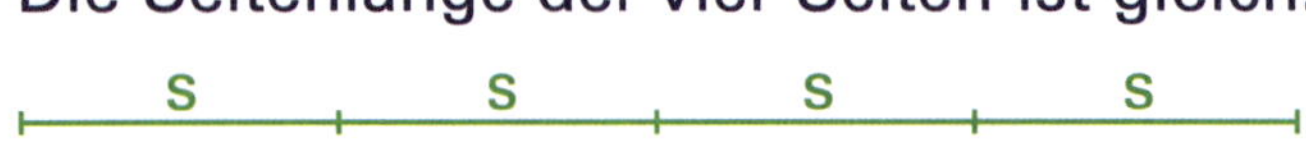

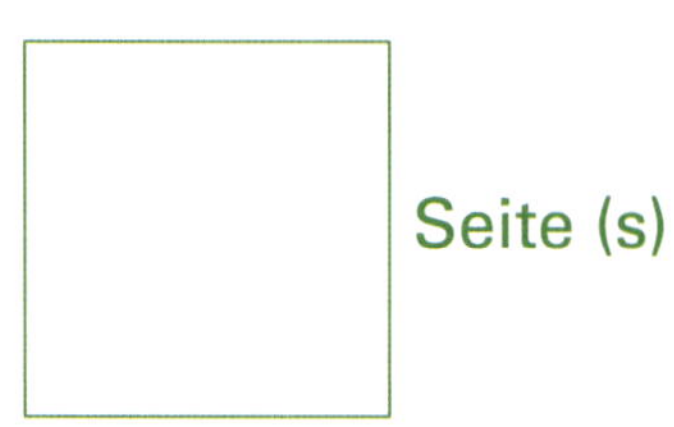

4 · s = U

Merke dir besonders:
Die gegenüberliegenden Seiten eines Rechtecks sind gleich lang.
Ein Quadrat hat vier gleich lange Seiten.
Bei Sachaufgaben zeichne nach dem Text der Rechenaufgabe eine Skizze, das erleichtert dir die Vorstellung.

83 So berechnet man den Umfang eines Rechtecks. Kreuze an!

- ○ Länge + Breite + Länge + Breite
- ○ Länge + Breite · 4
- ○ 2 · Länge + 2 · Breite
- ○ Länge · Breite
- ○ 2 · Länge – 2 · Breite
- ○ Länge + Länge + Breite + Breite

---

84 Berechne die fehlende Angaben in deinem Heft! Bedenke die Berechnung des Umfanges!

Beispiel: Länge = 12 cm
Breite = 8 cm
Umfang = ?

Berechnung: 12 cm (Länge) + 8 cm (Breite) = 20 cm
20 cm · 2 = **40 cm**

Beispiel: Länge = 25 cm
Umfang = 90 cm
Breite = ?

Berechnung: 25 cm (Länge) · 2 = 50 cm
90 cm – 50 cm = 40 cm (2 · Breite)
40 cm : 2 = **20 cm**

Länge	**Breite**	**Umfang**
36 cm	27 cm	
	56 m	288 m
75 m	45 m	
23 mm	15 mm	
46 mm		156 mm
38 cm		126 cm
	77 mm	426 mm

85 Der Zaun um einen quadratischen Spielplatz ist 80 m lang.
Nun muss eine Seite ersetzt werden.
Wie viel m Zaun müssen erneuert werden?
Rechne und mache eine Skizze!

86 Berechne den Umfang! Zeichne zuerst eine Skizze!
Solltest du hier zu wenig Platz finden, arbeite in deinem Übungsheft!

1. Eine Heftseite hat eine Breite von 147 mm und eine Länge von 210 mm.
   Sie soll mit einem Klebeband eingefasst werden.
   Wie viel Klebeband braucht man für eine Heftseite?

2. Vergleiche die Umfänge! Das Rechteck ist 357 cm lang und
   198 cm breit. Das Quadrat hat eine Seitenlänge von 279 cm.

3. Frau Knauferl knüpft zwei Teppiche. Der eine Teppich ist 278 cm lang und 159 cm breit. Der andere Teppich hat eine Seitenlänge von 246 cm. Frau Knauferl will beide Teppiche mit einer Borte einfassen. Um wie viel m und cm Borte muss sie für den einen Teppich mehr kaufen?

4. Die Längsseite eines Ackers misst 148 m, die Breitseite ist nur halb so lang. Die Breite einer Weide beträgt 46 m, die Längsseite ist dreimal so lang. Welcher Umfang ist länger, um wie viel?

5. Ein Parkplatz, der 110 m lang und 79 m breit ist, grenzt mit seiner Breitseite an ein Wohnhaus. Der Besitzer möchte den Parkplatz mit einem Maschendrahtzaun umzäunen und eine 15 m breite Einfahrt aussparen. Wie viel Meter Zaun benötigt er?

6. Die Mutter umhäkelt quadratische Taschentücher mit einem Umfang von 100 cm. Wie lang ist eine Seite eines Taschentuchs?

7. Im Wohnzimmer wird ein neuer Boden verlegt. Es hat eine Seitenlänge von 560 cm. An zwei Seiten gibt es eine Tür mit je 80 cm Breite. Wie viele m und cm Sesselleisten werden verbraucht?

8. Frau Zopf hat ein Grundstück mit 89 m Seitenlänge. Herr Knopf hat ein Grundstück mit einer Länge von 103 m und einer Breite von 76 m. Wer braucht den längeren Zaun? Um wie viel ist der Umfang größer?

89 · 4
356 m Zopf

103 · 2
206 m

76 · 2
152 m

206
152
358 m

A: Der Umfang von Herren Knopf ist um 2 m länger.

9. Herr Knäbchen und Frau Bübchen kaufen benachbarte Grundstücke mit dem gleichen Umfang. Das Quadrat von Frau Bübchen hat eine Seitenlänge von 75 m. Das Rechteck von Herrn Knäbchen ist 109 m lang. Wie breit ist das Grundstück von Herrn Knäbchen?

10. Herr Schnauferl bastelt einen Bilderrahmen.
Er hat eine 6 m lange Holzleiste zur Verfügung.
Der Rahmen soll 127 cm breit sein.
Wie viele cm ist die größte mögliche Längsseite des Rahmens?

Flächeninhalt

Was ist das?
Flächenmaße dienen zum Messen der Flächeninhalte.
1 cm^2 ist der Flächeninhalt eines Quadrats mit der Seitenlänge von 1 cm.

Signalwörter in Textaufgaben:
Fußboden legen, Fliesen legen, Saatgut berechnen, Gartenfläche, Wohnungsgröße, Farbverbrauch, Tapetenverbrauch …
Wenn du in der Angabe einer Textaufgabe eines dieser Signalwörter siehst, wirst du die Fläche berechnen müssen.

Das musst du wissen:
Flächenmaße: mm^2, cm^2, dm^2, m^2, a, ha, km^2
Den Flächeninhalt einer Fläche misst du, indem du feststellst, wie oft eine Flächeneinheit in dieser Fläche enthalten ist.

Rechteck:

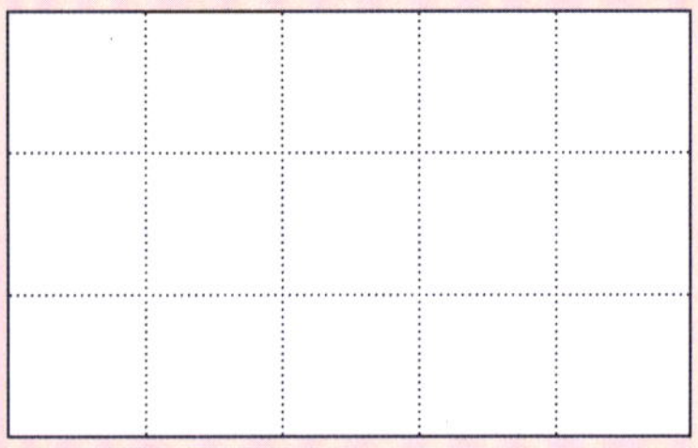

Die Maßeinheit ist cm^2.
Eine Reihe enthält 5 cm^2.
Du hast 3 Reihen.

Rechne:
$5\ cm^2 \cdot 3$
$15\ cm^2$ Flächeninhalt: 15 cm^2

Quadrat:

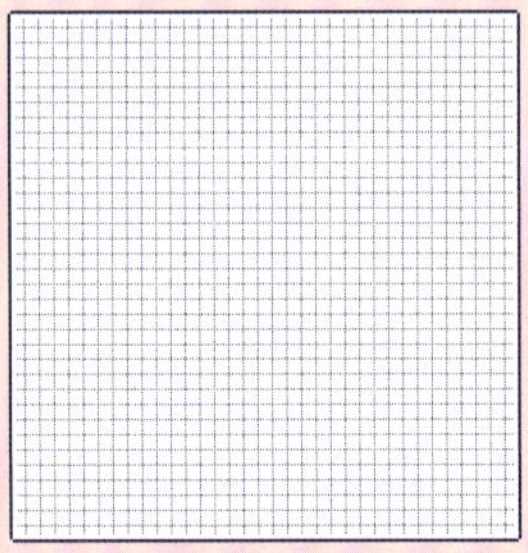

Die Maßeinheit ist mm^2.
Eine Reihe enthält 35 mm^2.
Du hast 35 Reihen.

Rechne:
$35\ mm^2 \cdot 35$
1 050
175
$1\,225\ mm^2$ Flächeninhalt: 1 225 mm^2

Merke dir besonders:
1 mm^2 (· 100) 1 cm^2 (· 100) 1 dm^2 (· 100) 1 m^2 (· 100) 1 a (· 100) 1 ha (· 100) 1 km^2

Zusammenfassung

Flächenmaße

- 1 km² = 100 ha
- 1 ha = 100 a
- 1 a = 100 m²
- 1 m² = 100 dm²
- 1 dm² = 100 cm²
- 1 cm² = 100 mm²
- 1 km² = 10 000 m²
- 1 m² = 10 000 cm²
- 1 m² = 10 000 mm²
- 1 dm² = ______ m²

?

87 Kennzeichne die richtigen Antworten!

Eine Packung Rasensamen reicht für 45 bis 50 m².
Es werden 10 Packungen besorgt.

- ○ Die Samenmenge reicht aus, denn 20 · 4 = 80.
- ○ Die Samenmenge reicht nicht aus, denn 20 · 10 = 200.
- ○ Die Samenmenge reicht aus, denn 20 · 20 = 400.
- ○ Es bleibt noch etwas Rasensamen übrig.

88 Wende dein Wissen über die Umwandlungskette der Flächenmaße hier an!

700 mm² =	7 cm²	1 000 dm² =	10 m² ?
500 cm² =	5 dm²	1 300 m² =	13 a ?
2 500 a =	25 ha	3 400 ha =	34 km² ?
5 670 mm² =	56 cm² 70 mm²	12 340 dm² =	1 a 23 m² 40 dm²
56 789 m² =	5 ha 67 a 89 m²	716 253 a =	71 km² 62 ha 53 a
1 km² 25 ha =	1025 ha	35 m² 67 dm² =	3567 dm²
45 dm² 89 cm² =	4589 cm²	4 m² 6 dm² 8 cm² =	40608 cm²
86 730 m² =	8 ha 67 a 30 m²	3 km² 5 ha 17 a =	30517 a

89 **Berechne die Flächen! Bevor du mit dem Rechnen beginnst, mach eine Skizze! Solltest du hier zu wenig Platz finden, arbeite in deinem Übungsheft!**

1. Eine Heftseite hat eine Breite von 15 cm und eine Länge von 21 cm. Sie soll mit Buntpapier beklebt werden. Wie viele cm² Buntpapier braucht man für eine Heftseite?

2. Vergleiche die Flächeninhalte! Das Rechteck ist 37 cm lang und 18 cm breit. Das Quadrat hat eine Seitenlänge von 29 cm.

3. Frau Tschauner knüpft zwei Teppiche. Der eine Teppich ist 59 dm lang und 27 dm breit. Der andere Teppich hat eine Seitenlänge von 46 dm. Welcher Teppich deckt die größere Bodenfläche ab?

4. Die Längsseite eines Ackers misst 148 m, die Breitseite ist nur halb so lang. Die Breite einer Weide beträgt 46 m, die Längsseite ist dreimal so lang. Welche Fläche ist größer, um wie viel?

5. Ein Parkplatz ist 110 m lang und 79 m breit. Der Besitzer möchte den Parkplatz asphaltieren. Für einen m^2 verlangt die Baufirma 26 €. Wie viel kostet das Asphaltieren des Parkplatzes?

6. Ein Grundstück ist 67 m lang und 43 m breit. Das Haus soll eine Grundfläche von 150 m^2 haben. Wie groß ist die Fläche, die noch als Garten zur Verfügung steht?

7. Auf einem Grundstück, das 92 m lang und 79 m breit ist, soll ein Teich ausgehoben werden. Seine Fläche beträgt 2 a 25 m^2. Wie groß ist die restliche Fläche? Wandle um!

8. Im Wohnzimmer wird ein neuer Boden verlegt. Es hat eine Seitenlänge von 56 dm. Die Bodenfliesen haben eine Fläche von 4 dm^2. Wie viele Fliesen werden benötigt?

9. Frau Schlosser hat ein Grundstück mit 89 m Seitenlänge. Herr Schneider hat ein Grundstück mit einer Länge von 103 m und einer Breite von 76 m. Wessen Grundstück hat die größere Fläche? Um wie viel ist es größer?

10. Die 4 Wände des Wohnzimmers sollen neu gestrichen werden. Die Seitenlänge des Wohnzimmers beträgt 48 dm. Die Höhe des Wohnzimmers ist 25 dm. Für Fenster- und Türflächen können 920 dm^2 abgerechnet werden. Wie groß ist die zu streichende Fläche? Wandle um!

11. Der Gartenweg wird mit Steinplatten ausgelegt. Seine Länge beträgt 16 m, die Breite 12 dm. Eine Steinplatte hat eine Seitenlänge von 4 dm. Wie viele Steinplatten werden benötigt?

Geometrische Formen

Was ist das?

Gerade, Winkel, Strecken, Flächen und Körper sind Begriffe aus der Geometrie. Kugel, Quader, Würfel, Pyramide, Kegel, Zylinder und Prisma sind geometrische Körper. Sie bestehen aus Flächen, Kanten, Winkeln und Ecken.

Erkennungsmerkmale:

Eine Gerade ist eine Linie, die weder einen Anfangs- noch einen Endpunkt hat.
Eine Strecke ist eine Linie mit einem Anfangs- und einem Endpunkt.
Zwei Gerade können miteinander einen Winkel bilden.
Eine Fläche ist ein Gebilde, das von Linien begrenzt wird.
Ein Körper besteht aus Flächen, Kanten, Winkeln und Ecken.

Auch das musst du wissen:

Gerade:

Parallele Gerade haben immer den gleichen Abstand zueinander.

Zwei Gerade stehen aufeinander normal, wenn sie einen rechten Winkel bilden.

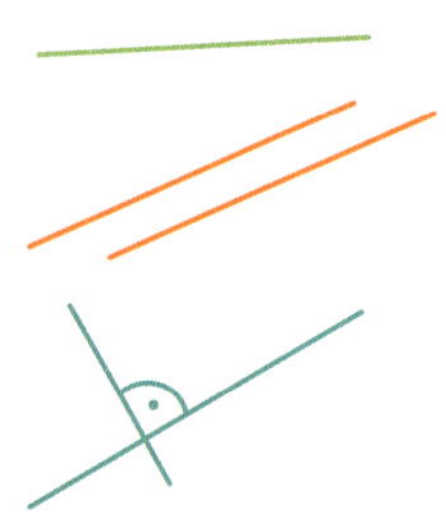

Winkel:

Ein Winkel, der größer ist als ein rechter Winkel, heißt stumpfer Winkel.
Ein Winkel, der kleiner ist als ein rechter Winkel, heißt spitzer Winkel.

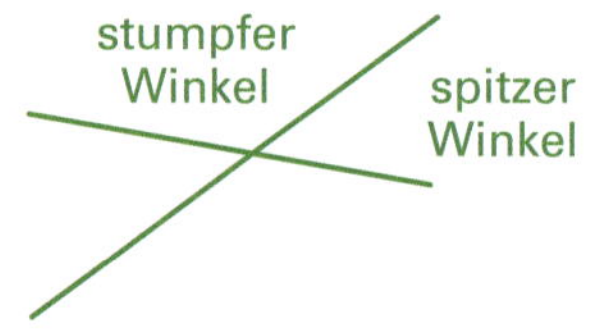

Auch das ist interessant:

Würfel
Flächen: 6
Kanten: 12
Ecken: 8

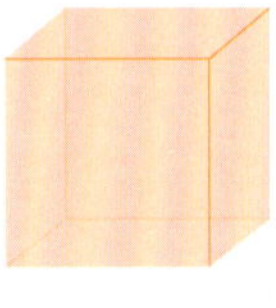

Quader
Flächen: 6
Kanten: 12
Ecken: 8

Zylinder
Flächen: 3
Kanten: 2
Ecken: 0

Kugel
Flächen: 1
Kanten: 0
Ecken: 0

Pyramide
Flächen: 5
Kanten: 8
Ecken: 5

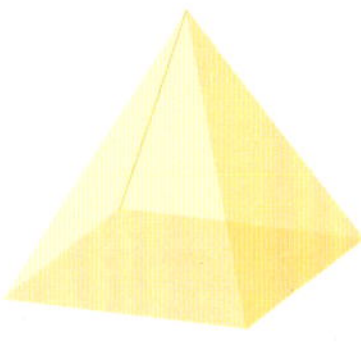

Kegel
Flächen: 2
Kanten: 1
Ecken: 1

90 **Beschreibe nun die einzelnen Formen genau!**

Körper	Flächen	Kanten	Ecken
Würfel	6 quadratische Flächen	12 Kanten	8 Ecken
Quader			
Zylinder			
Kugel			
Pyramide			
Kegel			

91 **Überlege, ob du den Körper rollen oder kippen kannst. Ein Körper kippt über eine Kante. Kreuze in der richtigen Spalte an. Ist auch beides möglich?**

	rollen	kippen
Würfel		
Quader		
Zylinder		

	rollen	kippen
Kugel		
Pyramide		
Kegel		

92 **Zeichne zu diesen Geraden parallele Gerade im Abstand von 1 cm, 14 mm und 5 mm. Verwende dein Geodreieck!**

93 **Zeichne Gerade, die auf diesen Geraden normal stehen, das heißt, mit ihnen einen rechten Winkel bilden. Verwende dein Geodreieck.**

---

94 **Stell dir vor, du benützt die Flächen der Körper als Stempel.
Zu welchem Körper passt dieser Abdruck? Es gibt mehrere Möglichkeiten!**

 ______________________  ______________________

 ______________________  ______________________

Welchen Abdruck hinterlässt eine Kugel? ______________________

95

Erkläre!

Wodurch unterscheiden sich Quadrat und Rechteck?

____

____

Wodurch unterscheiden sich Quader und Würfel?

____

____

Wodurch unterscheiden sich Zylinder und Kegel?

____

____

96

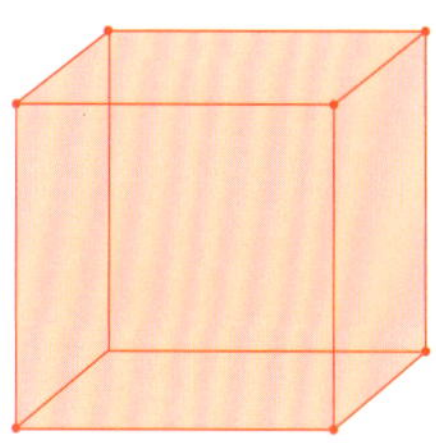

**Aus Zahnstochern und Knetmassekügelchen wird ein Würfelmodell gebaut.
Wie viele Zahnstocher und wie viele Kugeln werden gebraucht?**

____

97 **Kreuze an! Was ist ein geometrischer Körper?
Was ist eine geometrische Fläche?**

	Körper	Fläche
Würfel		
Kreis		
Quader		
Zylinder		
Dreieck		
Kugel		
Quadrat		
Pyramide		
Kegel		
Rechteck		

Quiz 3

Umwandlungen / Umfang / Fläche / Geometrische Formen

In den letzten Kapiteln hast du alles Notwendige zu Maßbeziehungen, zur Umfangberechnung, zur Flächenberechnung und zu den geometrischen Körpern gelernt. Auf diesen Quizseiten sollst du nun überprüfen, ob du dir alles gemerkt hast.

1. Setze in den folgenden Text die fehlenden Wörter sinngemäß richtig ein:

4, Flächeneinheit, 10, Seitenlänge, Körper, 100, Summe, 1 000

Der Umfang ist die ______________ aller Seitenlängen. Den Flächeninhalt misst du, indem du feststellst, wie oft eine ______________ in dieser Fläche enthalten ist. Pyramide, Kegel und Würfel sind geometrische ______________. Die Umwandlungszahl bei den Längenmaßen ist ______________. Außer beim Kilometer, da ist sie ______________.
Die Umwandlungszahl der Flächenmaße ist ______________.
Beim Quadrat berechnest du den Umfang, indem du die ______________ mit ______________ multiplizierst.

2. Verbinde die folgenden Begriffe:

Kugel		a
mm^2		Rechteck
Quadrat		Würfel
km^2	**Fläche**	Länge
Seitenlänge		ha
Quader	**Umfang**	Kreis
Dreieck		Kegel
m	**Körper**	Breite
dm		cm
cm^2		m^2
Pyramide		Zylinder
km		mm

3. Entscheide dich für die richtige Antwort:

Bei welcher Maßeinheit lautet die Umwandlungskette • 10, • 100, • 1000?

O Gewichte O Längenmaße O Flächenmaße O Hohlmaße

Bei welchen zwei Maßeinheiten lautet die Umwandlungszahl gleich, nämlich • 100?

O Längenmaße und Flächenmaße O Hohlmaße und Währung

Wie heißt dieser geometrische Körper?

O Kegel
O Zylinder

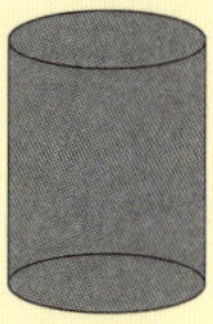

Wie heißt die Maßeinheit für Flüssigkeiten?

O Kilogramm O Liter O Meter O Euro

Die kleinste Einheit der Gewichte ist

O Tonne. O Gramm. O Kilogramm. O Dekagramm.

Die Summe aller Seitenlängen einer geometrischen Figur ist

O der Umfang. O die Fläche.

Wie heißt dieser geometrische Körper?

O Quadrat
O Quader

Wie heißt das größte Flächenmaß?

O Quadratkilometer O Hektar O Ar O Quadratmeter

Wie nennt man Größen, bei denen mehrere Maßeinheiten genannt werden?

O mehrnamige Größen O mehrstellige Größen

Alles richtig?
Vergleiche mit den Lösungsseiten!
Gratulation!

Das kannst du nun:

🙂 Ich kenne mich gut aus.

😐 Ich kenne mich ein bisschen aus.

🙁 Das muss ich wiederholen/neu lernen.

	🙂	😐	🙁
Ich kann Längenmaße benennen und umwandeln.			
Ich kenne die Umwandlungskette der Längenmaße.			
Ich kann Flächenmaße benennen und umwandeln.			
Ich kenne die Umwandlungskette der Flächenmaße.			
Ich kann Gewichte benennen und umwandeln.			
Ich kenne die Umwandlungskette der Gewichte.			
Ich kann unsere Währung benennen und umwandeln.			
Ich kenne die Umwandlungszahl für unsere Währung.			
Ich kann Hohlmaße benennen und umwandeln.			
Ich kenne die Umwandlungszahl für Hohlmaße.			
Ich kann mit mehrnamigen Maßangaben umgehen.			
Ich kann ein Rechteck zeichnen, den Umfang und die Fläche berechnen.			
Ich kann ein Quadrat zeichnen, den Umfang und die Fläche berechnen.			
Ich kann parallele Gerade erkennen und zeichnen.			
Ich kann rechte Winkel erkennen und zeichnen.			
Ich kann die Eigenschaften geometrischer Körper beschreiben.			
Ich kann einige geometrische Körper benennen.			

Sachrechnungen – Schlüsse aufschreiben

Was ist das?

Einen Schluss aus etwas ziehen, das bedeutet, eine Folgerung aus den bekannten Informationen finden und auf die Lösungsmöglichkeit schließen. Durch das Aufschreiben eines Schlusses ergibt sich eine Lösungshilfe für eine bestimmte Art von Textrechnungen.

Von der Einheit auf eine Mehrheit schließen:

Angabe: 1 m Vorhangstoff kostet 12 €.
Frage: Wie viel kosten 15 m?

Rechnung:
1 m .... 12 €
15 m .... ? € — Es wird multipliziert!
15 m .... 180 €

12 € · 15
12
60
180 €

Antwort: 15 m Vorhangstoff kosten 180 €.

Von der Mehrheit auf eine Einheit schließen:

Angabe: Familie Wamperl kauft 15 Becher Joghurt um 8 € 55 c.
Frage: Wie teuer ist ein Becher?

Rechnung:
15 B. .... 8 € 55 c
1 B. .... ? € — Es wird dividiert!
1 B. .... 57 c

855 c : 15 = 57 c
105
00 R

Antwort: Ein Becher Joghurt kostet 57 c.

Von einer Mehrheit auf eine andere Mehrheit schließen:

Angabe: Familie Quimmel kauft 4 Sessel um 184 €.
Familie Habermann erwirbt 3 Stück der gleichen Art.

Frage: Wie viel müssen die Habermanns bezahlen?

Achtung: Auch wenn nicht ausdrücklich nach dem Einzelpreis gefragt wird, musst du ihn zuerst berechnen!

Rechnung:
4 S. .... 184 €
1 S. .... ? €
1 S. .... 46 €

Es wird dividiert!

184 € : 4 = 46 €
24
00 R

Rechnung:
1 S. .... 46 €
3 S. .... ? €
3 S. .... 138 €

Es wird multipliziert!

46 € · 3
138 €

Antwort: Die Habermanns müssen 138 € bezahlen.

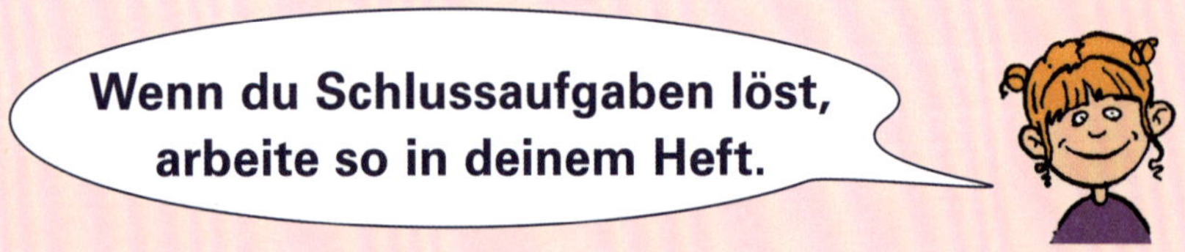

Angabe: Frau Peterson kauft je eine Hose für ihre 5 Söhne und bezahlt dafür 115 €. Am nächsten Tag holt sie noch je eine Hose für ihre 3 Neffen.

Frage: Wie viel muss sie für 3 Hosen bezahlen?

Rechnung:
5 H. .... 115 €
1 H. .... ? €
1 H. .... 23 €
3 H. .... ? €
3 H. .... 69 €

115 € : 5 = 23 €
15
00 R

23 € · 3
69 €

Antwort: Die 3 Hosen für die Neffen kosten 69 €.

98 **Löse die folgenden Textaufgaben.**
Schreibe zu jeder Aufgabe einen Schlusssatz auf!
Achtung: Manchmal musst du die Frage selbst formulieren!
Achte dabei auf die Gliederung in Angabe, Frage, Rechnung und Antwort.
Arbeite in dein Übungsheft!

1. Im Eissalon Luca wurden vorige Woche 17 kg Bananen verbraucht. Wie viel musste Herr Luca dafür bezahlen, wenn 1 kg Bananen 89 c kostete?
2. Die Eintrittskarte ins Schwimmbad kostet für ein Kind 1 € 80 c. Wie viel muss die Erzieherin für 26 Kinder bezahlen?
3. Familie Prinz bezahlt pro Tag im Urlaubsappartement 134 €. Sie reist nach 9 Tagen ab.
4. Laras Tenniskurs hat für 14 Stunden 168 € gekostet. Wie teuer war eine einzelne Stunde?
5. Eine Kiste Eiswaffeln mit 25 Schachteln kostet 18 € (1 € = 100 c).
6. Die 5-köpfige Familie Samperl bezahlt für die Menüs im Gasthaus 34 € 75 c.
7. Niko isst ein Eis mit 4 Kugeln und bezahlt dafür 3 € 20 c. Wie viel muss Lea für ein Eis mit 3 Kugeln bezahlen?
8. Die 27 Kinder der Kindergruppe Bärchen bekommen Schlecker um 6 € 21 c. In der Gruppe Mäuschen sind aber nur 23 Kinder.
9. Der Fußballclub FC Schieß-ein-Tor bezahlt für die Reinigung von 35 Trikots 166 € 25 c.

   Vom FC Hau-daneben sind 42 Trikots zur Reinigung gebracht worden.
10. In der Tischlerei bekommt Armin eine 171 cm lange Holzleiste geschenkt. Für seinen Baukasten braucht er 7 cm lange Stäbe.
11. Auf 100 km verbraucht Mutters Auto 7 l Dieseltreibstoff. Der Tank des Fahrzeuges fasst 56 l. Im letzten Jahr fuhr sie 20 800 km.
12. Sieben Unterhosen kosten 34 € 65 c. Wie viel kosten 14 Unterhosen? Kreuze die richtigen Lösungswege an!

    ○ 34 € 65 c • 7
    ○ 34 € 65 c • 2
    ○ 34 € 65 c : 2 • 14
    ○ 34 € 65 c : 2 • 7
    ○ 34 € 65 c : 7 • 14

Ungleichungen

Was ist eine Gleichung?

30 000 + 7 000 = 37 000

Sobald auf beiden Seiten des Istgleichzeichens der gleiche Wert steht, spricht man von einer Gleichung.

Was ist eine Ungleichung?

Ungleiche Werte werden durch Ungleichzeichen beschrieben.

größer als: >   kleiner als: <

Beispiele:

größer als: 30 000 + 8 000 > 37 000

kleiner als: 30 000 + 2 000 < 37 000

Auch das musst du wissen:

Bei Ungleichungen kann es mehrere verschiedene Lösungen geben.

30 000 + 2 000 < 37 000

30 000 + 2 000 < 38 000

30 000 + 2 000 < 39 000

Auch das sind Ungleichungen:

Beispiel:

17 + ________ < 20

mögliche Lösungen:

17 + 1 = 18   18 < 20

17 + 2 = 19   19 < 20

17 + 1, 2 < 20

Hilfen zum Merken der Zeichen:

< als Teil von k wie kleiner

Stelle dir die Ungleichzeichen als Trichter vor!
An welcher Stelle passt mehr hinein?
Dort steht auch der größere Wert.

Zusammenfassung

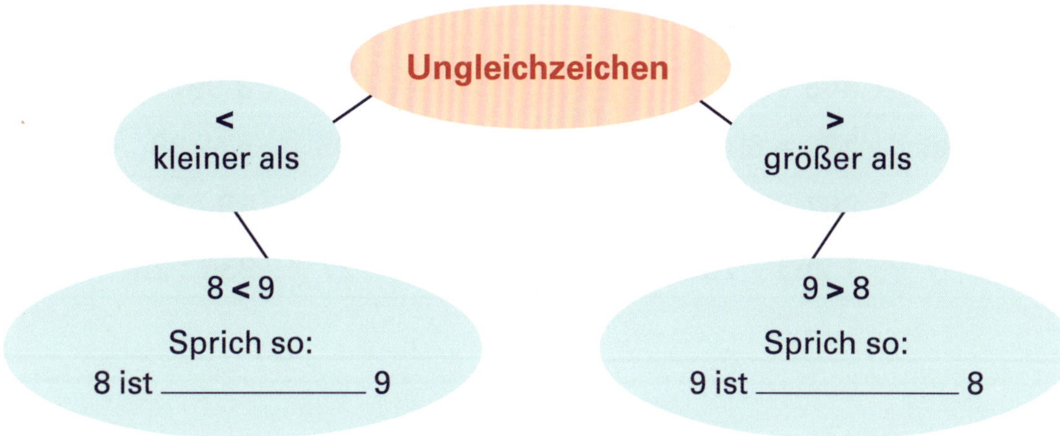

99 **Vergleiche die angegebenen Zahlen und setze =, > oder < ein!**

7 ☐ 9	6 ☐ 2	8 ☐ 3
48 ☐ 57	62 ☐ 47	98 ☐ 89
56 ☐ 34	99 ☐ 99	73 ☐ 37
171 ☐ 117	2 085 ☐ 2 085	897 ☐ 799
451 ☐ 541	6 742 ☐ 7 424	8 574 ☐ 8 754
1 943 ☐ 1 934	800 123 ☐ 800 123	78 493 ☐ 78 493
128 678 ☐ 127 876	634 521 ☐ 896 351	324 242 ☐ 76 234

100 **Nun musst du auf einer Seite rechnen, um die Werte vergleichen zu können. Setze =, > oder < ein! Rechne in dein Heft!**

14 + 37 ☐ 51	98 – 27 ☐ 61
45 · 17 ☐ 765	32 · 9 ☐ 285
254 – 47 ☐ 210	138 + 56 ☐ 236
8 643 – 568 ☐ 8 121	7 451 + 82 ☐ 7 533
1 496 : 22 ☐ 70	67 + 48 + 27 ☐ 139
954 – 658 ☐ 296	3 004 – 304 ☐ 2 700
4 806 : 54 ☐ 89	8 415 : 33 ☐ 260

101 Nun musst du auf beiden Seiten rechnen und die Ergebnisse danach vergleichen. Setze =, > oder < ein! Rechne in dein Heft!

364 + 48 ___ 348 + 64	3 575 – 845 ___ 3 997 – 1 627
257 + 96 ___ 275 + 69	7 245 – 895 ___ 57 · 38
847 + 62 ___ 867 + 43	57 · 38 ___ 58 · 37
954 + 17 ___ 1 253 – 285	918 : 27 ___ 936 : 26

---

102 Welche Zahlen passen? Streiche die Zahlen durch, die nicht passen!

650 < ___ 468, 572, 117, 683, 711, 96

___ < 475 474, 477, 744, 177, 450, 270

862 < ___ < 957 927, 867, 597, 682, 897, 975

---

103 Mit welcher dieser Zahlen ist die Aussage richtig?

4 · ___ < 17

____

63 : ___ < 10

____

___ + 7 > 12

____

___ · ___ > 20

____

40 – ___ > 35

____

66 : 33 < ___

____

Brüche

Was ist das?
Wenn ein Ganzes in gleichmäßig große Teile geteilt wird, schreibt man die Zahl in Brüchen auf.

1 Ganzes = 1 1 Halbes = $\frac{1}{2}$ 1 Viertel = $\frac{1}{4}$ 1 Achtel = $\frac{1}{8}$

Auch das musst du wissen:
So wird eine Bruchzahl dargestellt:

$\frac{1}{2}$ ← Zähler ← Bruchstrich ← Nenner

Du sprichst so:

1 Halbes = $\frac{1}{2}$ 1 Viertel = $\frac{1}{4}$ 1 Achtel = $\frac{1}{8}$

Genauer erklärt:
Der Zähler zählt die Teile.

$\frac{1}{8} + \frac{1}{8} + \frac{1}{8} = \frac{3}{8}$

1 Achtel + 1 Achtel + 1 Achtel = 3 Achtel

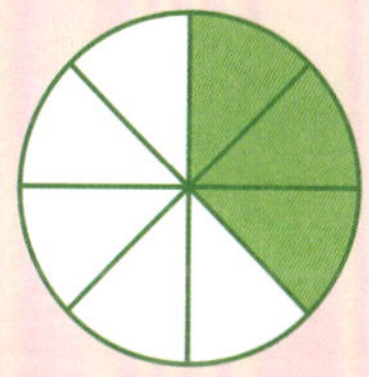

Der Nenner gibt an, wie viele gleiche Teile ein Ganzes ergeben.

8 Teile, daher Achtel $\frac{8}{8} = 1$

4 Teile, daher Viertel $\frac{4}{4} = 1$

Brüche im täglichen Leben:
ein halbes Brot, ein viertel Liter Milch, zweieinhalb Wochen, eine Achtelnote, eineinhalb Meter; **Aber:** eine Dreiviertelstunde

Mit Bruchzahlen rechnen:
Gleichnamige Brüche kannst du leicht addieren oder subtrahieren.

$\frac{1}{4} + \frac{2}{4} = \frac{3}{4}$

104 Nun rechne selbst:

$\frac{2}{8}+\frac{4}{8}=\frac{\ }{\ }$	$\frac{1}{4}+\frac{1}{4}=\frac{\ }{\ }$	$\frac{2}{4}+\frac{1}{4}=\frac{\ }{\ }$	$\frac{3}{5}+\frac{1}{5}=\frac{\ }{\ }$	$\frac{3}{6}+\frac{1}{6}=\frac{\ }{\ }$	$\frac{2}{8}+\frac{2}{8}=\frac{\ }{\ }$
$\frac{5}{8}-\frac{3}{8}=\frac{\ }{\ }$	$\frac{3}{6}-\frac{2}{6}=\frac{\ }{\ }$	$\frac{7}{8}-\frac{5}{8}=\frac{\ }{\ }$	$\frac{2}{4}-\frac{1}{4}=\frac{\ }{\ }$	$\frac{3}{4}-\frac{1}{4}=\frac{\ }{\ }$	$\frac{4}{5}-\frac{3}{5}=\frac{\ }{\ }$
$\frac{8}{8}-\frac{3}{8}=\frac{\ }{\ }$	$\frac{4}{8}+\frac{1}{8}=\frac{\ }{\ }$	$\frac{7}{4}-\frac{5}{4}=\frac{\ }{\ }$	$\frac{2}{9}+\frac{5}{9}=\frac{\ }{\ }$	$\frac{3}{8}+\frac{1}{8}=\frac{\ }{\ }$	$\frac{1}{6}+\frac{5}{6}=\frac{\ }{\ }$

105 Brüche benennen:

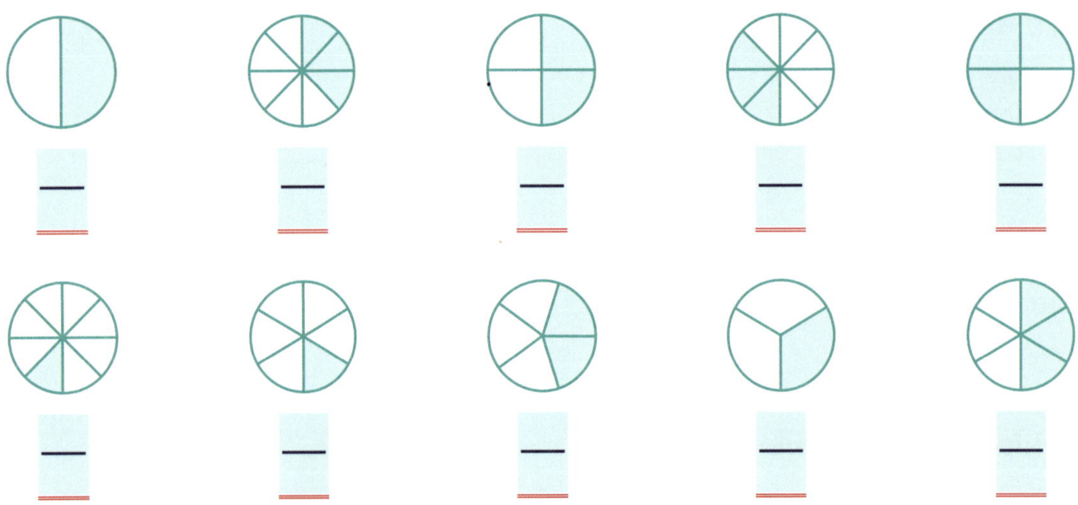

106 Bemale:

$\frac{2}{8}$ $\frac{1}{4}$ $\frac{5}{8}$ $\frac{3}{4}$ $\frac{1}{2}$

$\frac{3}{6}$ $\frac{2}{4}$ $\frac{4}{8}$ $\frac{1}{6}$ $\frac{2}{3}$

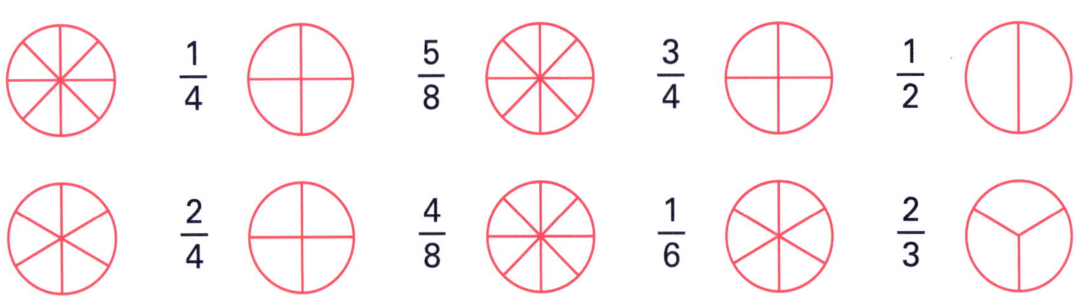

Hast du bemerkt, dass verschiedene Brüche den gleichen Wert ergeben können?

107 Überprüfe und setze =, < oder > ein!

$\frac{1}{4}$ ☐ $\frac{2}{8}$	$\frac{5}{6}$ ☐ $\frac{1}{2}$	$\frac{2}{5}$ ☐ $\frac{7}{8}$	$\frac{2}{16}$ ☐ $\frac{1}{8}$	$\frac{2}{6}$ ☐ $\frac{3}{3}$
$\frac{2}{8}$ ☐ $\frac{1}{2}$	$\frac{3}{6}$ ☐ $\frac{1}{2}$	$\frac{1}{2}$ ☐ $\frac{5}{8}$	$\frac{8}{16}$ ☐ $\frac{1}{2}$	$\frac{1}{2}$ ☐ $\frac{2}{4}$
$\frac{3}{8}$ ☐ $\frac{1}{4}$	$\frac{6}{8}$ ☐ $\frac{3}{4}$	$\frac{1}{8}$ ☐ $\frac{1}{4}$	$\frac{4}{4}$ ☐ $\frac{2}{2}$	$\frac{5}{7}$ ☐ $\frac{1}{2}$

108 Die folgenden Brüche sind größer als ein Ganzes. Woran kann man das erkennen?

____

Schreibe so: $\frac{7}{4} = 1\frac{3}{4}$

$\frac{5}{4} = \_\frac{\_}{\_}$	$\frac{3}{2} = \_\frac{\_}{\_}$	$\frac{6}{3} = \_\frac{\_}{\_}$	$\frac{5}{2} = \_\frac{\_}{\_}$
$\frac{7}{5} = \_\frac{\_}{\_}$	$\frac{6}{4} = \_\frac{\_}{\_}$	$\frac{17}{5} = \_\frac{\_}{\_}$	$\frac{4}{3} = \_\frac{\_}{\_}$
$\frac{14}{4} = \_\frac{\_}{\_}$	$\frac{7}{2} = \_\frac{\_}{\_}$	$\frac{8}{7} = \_\frac{\_}{\_}$	$\frac{9}{8} = \_\frac{\_}{\_}$
$\frac{16}{7} = \_\frac{\_}{\_}$	$\frac{23}{8} = \_\frac{\_}{\_}$	$\frac{17}{8} = \_\frac{\_}{\_}$	$\frac{12}{10} = \_\frac{\_}{\_}$
$\frac{9}{6} = \_\frac{\_}{\_}$	$\frac{10}{8} = \_\frac{\_}{\_}$	$\frac{11}{9} = \_\frac{\_}{\_}$	$\frac{7}{6} = \_\frac{\_}{\_}$

109 Wandle um!

eine halbe Stunde = ... Minuten	$\frac{1}{4}$ m = ... cm
ein halber Meter = ... Zentimeter	$\frac{3}{4}$ h = ... min
ein viertel Kilogramm = ... Dekagramm	$\frac{1}{2}$ kg = ... g
eine Dreiviertelstunde = ... Minuten	$\frac{1}{4}$ h = ... min
ein achtel Kilogramm = ... Gramm	$\frac{3}{4}$ m = ... cm

ein halber Kilometer = ... Meter

eine Viertelstunde = ... Minuten

ein halber Zentimeter = ... Millimeter

ein halbes Kilogramm = ... Gramm

$\frac{1}{2}$ kg = ... dag

$\frac{3}{4}$ kg = ... dag

$\frac{1}{8}$ kg = ... g

$\frac{3}{8}$ kg = ... g

---

110 Vergleiche die folgenden Werte. Setze =, > oder < ein!

$\frac{1}{2}$ ☐ 1	$\frac{5}{5}$ ☐ 1	$\frac{12}{2}$ ☐ 4	$1\frac{1}{2}$ ☐ $\frac{6}{4}$
$\frac{1}{3}$ ☐ 1	$\frac{3}{4}$ ☐ 1	$\frac{3}{8}$ ☐ 1	$1\frac{2}{3}$ ☐ $\frac{4}{3}$
$\frac{4}{3}$ ☐ 1	$\frac{2}{2}$ ☐ 1	$\frac{2}{4}$ ☐ $\frac{1}{2}$	$\frac{3}{16}$ ☐ $\frac{5}{16}$
$\frac{7}{8}$ ☐ 1	$\frac{4}{4}$ ☐ 1	$\frac{12}{3}$ ☐ $\frac{24}{8}$	$2\frac{1}{4}$ ☐ $\frac{18}{8}$
$\frac{6}{6}$ ☐ 1	$\frac{2}{3}$ ☐ 1	$\frac{5}{5}$ ☐ $\frac{8}{8}$	$\frac{7}{9}$ ☐ $\frac{14}{18}$

---

111 Ordne der Größe nach! Beginne mit dem Kleinsten! Verbinde!

1 Achtel, 3 Viertel, 1 Halbes, 4 Viertel, 3 Achtel, 1 Viertel, 3 Halbe

① ② ③ ④ ⑤ ⑥ ⑦

---

112 Zeichne ein und berechne!
Ein 1 l Krug war $\frac{3}{4}$ mit Limonade gefüllt.
Nach dem Einschenken war er noch zu $\frac{3}{8}$ gefüllt.
Wie viel Limonade wurde getrunken?

vorher nachher

Die Zeit

Über die Zeit:
Die Zeit wird in verschiedene Einheiten eingeteilt.

Hier sind die wichtigsten Einheiten von der kleinsten zur größten geordnet:
Sekunde Minute Stunde
Tag Woche Monat Jahr

Auch das musst du wissen:

Zwischen den Zeiteinheiten bestehen Beziehungen.

60 Sekunden = 1 Minute	60 Minuten = 1 Stunde
24 Stunden = 1 Tag	7 Tage = 1 Woche
4 Wochen = 1 Monat	12 Monate = 1 Jahr
28 Tage = 4 Wochen	52 Wochen = 1 Jahr
365 Tage = 1 Jahr	366 Tage = 1 Schaltjahr

Abkürzungen:
sec = Sekunde
min = Minute
h = Stunde
d = Tag

Anregung:
Bitte jemanden, mit einer Uhr eine Minute zu stoppen, versuche gleichzeitig, die Minute ohne Uhr (nur mit deiner inneren Uhr) zu stoppen. Gar nicht so einfach!

Der Sekundenzeiger braucht eine Minute lang, um wieder an die gleiche Stelle der Uhr zu kommen. Er macht dabei 60 kleine Bewegungen, denn: 60 Sekunden = 1 Minute.

Sobald der Sekundenzeiger einmal die Runde gegangen ist, rückt auch der Minutenzeiger um einen Platz weiter.
Der Minutenzeiger braucht 60 Schritte, um einmal die Runde zu machen, denn: 60 Minuten = 1 Stunde.

Der Stundenzeiger braucht zwölf Stunden, um eine Runde zu machen.
Zwei Runden sind 24 Stunden, also Tag und Nacht.

113

Verbinde die Anzeigen der digitalen Uhren und jener Uhren mit Zeigern, die die gleiche Zeit anzeigen!

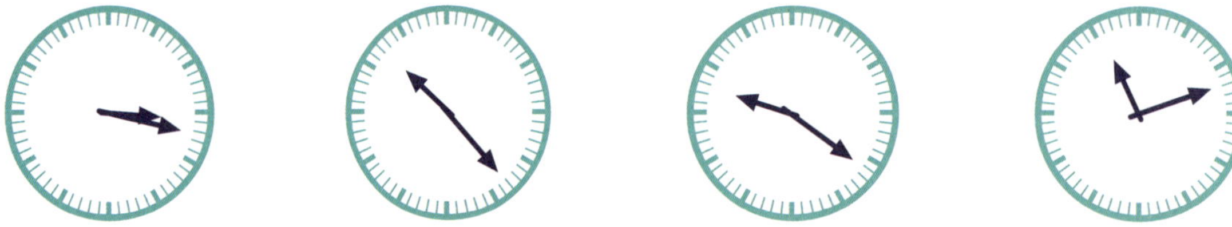

10:23	09:21	11:12	03:17

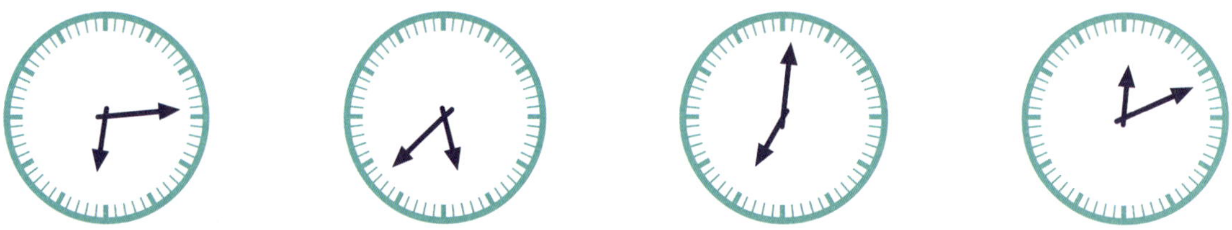

12:11	05:38	18:14	07:01

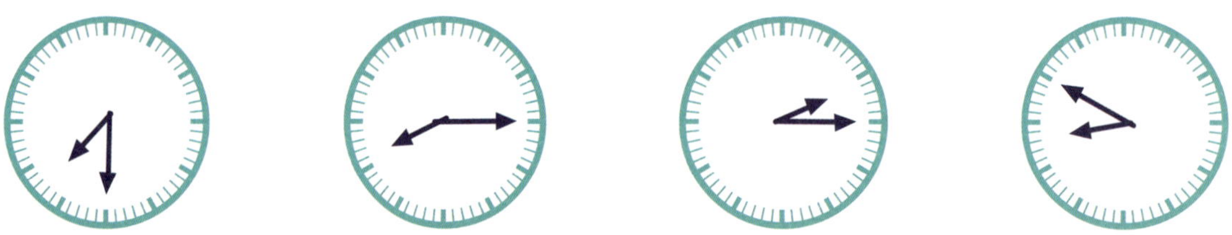

14:15	07:30	08:50	20:15

114

Rechne nun mit den Zeitmaßen:

1 min = 60 sec		1 h = 60 min		1 d = 24 h	
8 min =		8 h =		8 d =	
10 min =		10 h =		30 d =	
100 min =		24 h =		66 d =	
2 min =		2 h =		2 d =	
5 min =		5 h =		5 d =	
20 min =		20 h =		100 d =	
4 min =		48 h =		365 d =	

115 min = 1 h 55 min		248 sec = 4 min 8 sec		36 d = 1 d 12 h	
223 min =		527 sec =		119 h =	
304 min =		189 sec =		72 h =	
536 min =		459 sec =		68 h =	

1 h 20 min 5 sec =

2 h 5 min 38 sec =

1 h 15 min 12 sec =

---

115 Löse die Textaufgaben!

1. Lukas hat für seine Hausübung 1 Stunde und 13 Minuten gebraucht. Hannes war nach 72 Minuten damit fertig. Wer hat flotter gearbeitet?

2. Der Film in Kino 1 dauert 84 Minuten. Der Film im Saal 2 dauert 1 Stunde und 34 Minuten. Welcher Film dauert länger?

3. Hans geht um 7.20 Uhr von daheim weg. Sein Schulweg dauert 28 min. Wie viele Minuten vor 8 Uhr kommt er in der Schule an?

4. Renates Bus fährt um 13.40 Uhr ab. Die Fahrzeit beträgt 1 Stunde und 10 Minuten. Wann kommt Renate an?

---

116 **Auf manchen Uhren ist nachts 10 Uhr zu lesen, gemeint ist aber 22 Uhr. Kannst du die folgenden Zeiten in Tag- bzw. Nachtzeiten umschreiben?**

14 Uhr =	19 Uhr =	4 Uhr =
7 Uhr =	18 Uhr =	24 Uhr =
3 Uhr =	16 Uhr =	9 Uhr =
20 Uhr =	2 Uhr =	17 Uhr =
21 Uhr =	5 Uhr =	6 Uhr =
11 Uhr =	15 Uhr =	13 Uhr =

---

117 **Welche Aussagen sind richtig? Kreuze an!**

○ Ein Werbespot dauert 600 sec.
○ Eine Unterrichtsstunde dauert 100 min.
○ Eine Viertelstunde dauert 20 Minuten.
○ Die Sommerferien dauern 90 Tage.
○ Ein Jahr hat 365 Tage.
○ Ein Fußballspiel dauert 900 sec.
○ Ein Schaltjahr hat 366 Tage.
○ Eine Woche hat 168 Stunden.
○ $1\frac{1}{2}$ Jahre sind 18 Monate.
○ Eine Viertelstunde hat mehr als 1 000 sec.

Quiz 4

Schlussrechnungen / Ungleichungen / Zeit / Brüche
In den letzten Kapiteln hast du viel Interessantes gelernt.
Auf dieser Quizseite sollst du nun überprüfen, ob du dir alles gemerkt hast.

1. Setze in den folgenden Text die fehlenden Wörter sinngemäß richtig ein:

genau, Bruchstrich, größer, Nenner, Nenner, Zähler, Zähler

Brüche bestehen aus ____________, ____________ und einem ____________.

Wenn der Zähler größer ist als der Nenner, dann ist der Wert des Bruches ____________ als ein Ganzes.

Wenn Zähler und Nenner gleich groß sind, dann ist der Wert ____________ ein Ganzes.

Beim Addieren von gleichnamigen Brüchen addiert man die ____________, die ____________ bleiben unverändert.

2. Ordne richtig zu:

Minute	Stunde	Tag	Woche	Monat	Jahr

168 Stunden

60 Sekunden

30 Tage

4 Wochen

60 Minuten

52 Wochen

das Vierundzwanzigstel eines Tages

365 Tage

7 Tage

ein Zwölftel des Jahres

10 080 Minuten

720 Stunden

das Dreißigstel des Monats April

1 440 Minuten

12 Monate

3 600 Sekunden

86 400 Sekunden

604 800 Sekunden

24 Stunden

das Sechzigstel einer Stunde

3. Entscheide dich für die richtige Antwort:

Was bedeutet dieses Zeichen? $>$

O größer als O kleiner als O ist gleich

Was bedeutet dieses Zeichen? $=$

O größer als O kleiner als O ist gleich

Was bedeutet dieses Zeichen? $<$

O größer als O kleiner als O ist gleich

Wie nennt man diese Rechnung? $3 + 4 = 7$

O Gleichung O Ungleichung O Plusierung O Falschung

Wie nennt man diese Rechnung? $3 > 2$

O Gleichung O Ungleichung O Plusierung O Falschung

Bei Ungleichungen kann es ...

O oft viele Lösungen geben.
O immer nur eine Lösung geben.
O nie eine richtige Lösung geben.

4. Bei welcher der folgenden Rechnungen handelt es sich um keine Schlussrechnung?

O 1 m Vorhangstoff kostet 24 €. Frau Salzwimmer kauft 16 m. Wie viel muss sie bezahlen?

O Herr Weber beginnt um 8.15 Uhr zu arbeiten. Um 17.30 Uhr macht er Schluss. Wie lange hat er gearbeitet?

O Herr Anton baut 4 Flugzeugmodelle und braucht dafür 5 Stunden und 24 Minuten. Wie lange wird er an 3 weiteren Modellen bauen?

Alles richtig?
Vergleiche mit den Lösungsseiten!
Gratulation!

Das kannst du nun:

🙂 Ich kenne mich gut aus.

😐 Ich kenne mich ein bisschen aus.

☹ Das muss ich wiederholen/neu lernen.

	🙂	😐	☹
Ich kann den Ansatz für eine Schlussrechnung anschreiben.			
Ich kann von der Einheit auf eine Mehrheit schließen.			
Ich kann von der Mehrheit auf eine Einheit schließen.			
Ich kann von einer Mehrheit auf eine andere Mehrheit schließen.			
Ich kenne die Zeichen für „größer als“ und „kleiner als“.			
Ich kann Gleichungen und Ungleichungen lösen.			
Ich kenne die Namen der Teile einer Bruchzahl.			
Ich kann Bruchzahlen anschreiben.			
Ich kann Bruchzahlen vergleichen.			
Ich kann mit Bruchzahlen rechnen.			
Ich kenne die Zeiteinheiten.			
Ich kann die Uhrzeit in Tag- bzw. Nachtzeiten angeben.			
Ich kann Zeiteinheiten untereinander umrechnen.			

Sachrechnungen – Mittelwerte

Über verschiedene Sachrechnungen:

Rechenaufgaben, die in einem Text formuliert sind, beschäftigen sich mit Inhalten des täglichen Lebens.
Manche lassen sich durch das Anschreiben eines Schlusses leichter lösen (siehe Schlussrechnungen).
Um den Überblick zu bekommen, könntest du eine Zeichnung (Skizze) anfertigen.
Manchmal gibt es Textteile, die mit der tatsächlich gefragten Rechnung nichts zu tun haben. Reduziere die Texte auf das Wesentliche.
Verwende zum Lesen von Tabellen ein Lineal oder Abdeckblatt.

Beispiel für eine Sachrechnung:

Angabe:	Mampfi aß am Samstag 6 Eislutscher, am Sonntag 8 Stück und am Montag 4.
Frage:	Wie viele Eislutscher aß er im Durchschnitt an einem Tag?
Rechnung:	6 + 8 + 4 = 18 → 18 : 3 = 6
Antwort:	Er aß durchschnittlich 6 Eislutscher am Tag.

Signalwörter in Textaufgaben:
Mittelwert, Durchschnitt, durchschnittlich

Auch das musst du wissen:
Um den Mittelwert zu berechnen, musst du die Summanden addieren (6 + 8 + 4 = 18) und die Summe durch die Anzahl der Summanden dividieren (3).

118 Eine Tabelle – viele Möglichkeiten für Übungen – berechne mit Hilfe dieser Tabelle. Arbeite in deinem Heft!

3 Schulen in Muggel	1. Schulstufe	2. Schulstufe	3. Schulstufe	4. Schulstufe
Rentu	13 Knaben 16 Mädchen	17 Knaben 12 Mädchen	12 Knaben 14 Mädchen	16 Knaben 12 Mädchen
Rebo	18 Knaben 11 Mädchen	15 Knaben 15 Mädchen	11 Knaben 15 Mädchen	12 Knaben 16 Mädchen
Lettim	20 Knaben 9 Mädchen	10 Knaben 18 Mädchen	13 Knaben 13 Mädchen	18 Knaben 10 Mädchen

1. Wie viele Kinder besuchen die Schule Rentu?
2. Wie viele Kinder besuchen die Schule Lettim?
3. Wie viele Mädchen besuchen die Schule Lettim?
4. Wie viele Mädchen besuchen die Schule Rebo?
5. Wie viele Knaben besuchen die Schule Rentu?
6. Wie viele Knaben besuchen die Schule Rebo?
7. In welche Klasse gehen die meisten Kinder?
8. Wie viele Kinder besuchen die 1. Schulstufe in Muggel?
9. Wie viele Schülerinnen und Schüler besuchen im Durchschnitt eine Klasse in Muggel?

Das sind AFRA-Rechnungen!

A: Angabe – Lies die Angabe sorgfältig durch.
F: Frage – Unterstreiche die Frage bunt.
R: Rechnung – Schreibe dann die Rechnungen.
A: Antwort – Überlege und schreibe die Antwort.

119 **Bearbeite nun die folgenden Aufgaben!**
Achte dabei auf das genaue Schreiben der Ziffern und eine übersichtliche Anordnung! Solltest du hier zu wenig Platz finden, arbeite in deinem Heft!

1. Fritz hat 96 Divisionen geübt.
   Franz hat um ein Viertel weniger gerechnet.
   Heinz hat um ein Drittel weniger geübt.
   Aber Sepperl war besonders fleißig und hat um ein Achtel mehr gerechnet. Wie viele Rechnungen haben die einzelnen Kinder ausgeführt?

2. Kater Schnurrelaut braucht zum Fangen einer Maus durchschnittlich 9 Minuten. Im August war er 1 620 Minuten auf Mäusefang.
   Wie viele Mäuse fing er im August?

3. In 38 Schulwochen hatten die Kinder jeweils an 5 Tagen Aufgaben zu machen. Karli Blitzgneißer brauchte in diesem Schuljahr 14 250 Minuten für die Aufgabe.
   Rudi Schlafmütze brauchte doppelt so viel Zeit.
   Wie viele Stunden und Minuten brauchte jeder täglich im Durchschnitt?

4. In einer regnerischen Urlaubswoche besuchten die Eltern Glotzer mit ihren zwei Kindern 4 Vorstellungen im Kino Flimmerbild.
   Sie verspeisten dabei jedes Mal eine Riesentüte Popcorn. Für dieses Vergnügen bezahlten sie insgesamt 144 €.
   Wie viel gaben sie dafür durchschnittlich pro Person und pro Kinobesuch aus?

5. In der Käserei „Glückliche Kuh" werden wöchentlich 4 395 Ecken Käse der Sorte „Uiderstinkt" hergestellt. Die Käserei arbeitet nicht an Samstagen und Sonntagen. Wie viele Schachteln mit je 3 Käseecken werden durchschnittlich an einem Tag erzeugt?

6. Ein Versicherungskaufmann ist dienstlich mit seinem Auto an 25 Tagen im Monat unterwegs. Zu Beginn zeigte der Kilometerzähler 36 543 km. Am Monatsende zeigte er 41 118 km.
Wie viele km ist er durchschnittlich an einem Tag gefahren?
Wie viele € und c bekommt er an einem Tag, wenn er für einen Kilometer 42 c erhält?
Wie viel Kilometergeld ergibt das für diesen Monat?

7. Vermehre das Produkt von 56 und 89 um den Quotienten aus 10 005 und 29!

8. Elsa hat über ein tolles Erlebnis eine Geschichte mit 140 Wörtern geschrieben. Karla hat um ein Viertel weniger Wörter verwendet. Lotte hat um ein Fünftel mehr geschrieben als Elsa.
Wie viele Wörter haben die einzelnen Kinder geübt?

9. Ein Kaufmann erhält 4 Pakete zugesandt. In jedem Paket sind 12 Schachteln und in jeder Schachtel sind 6 Hemden. Ein Hemd kostet 49 €. Wie teuer ist die ganze Sendung?

10. Ein Viertel einer Zahl ist um 293 größer als 5 741. Wie heißt diese Zahl?

11. Die erste von drei Zahlen heißt 2 064. Die zweite ist ein Zwölftel der ersten. Die Summe der drei Zahlen beträgt 5 841. Wie heißt die dritte Zahl?

12. Die erste von drei Töchtern heißt Angelika. Die zweite Tochter ist um vier Jahre jünger als Angelika. Die dritte Tochter heißt Milena und besucht die zweite Klasse. Wie alt ist Angelika?

Gehirnakrobatik

Was ist das?
Es handelt sich um Aufgaben, bei denen du gut nachdenken musst.

Auch das musst du wissen:
Bei einigen dieser Aufgaben solltest du dir eine Skizze anfertigen, das veranschaulicht die Lösung.

Merke dir besonders:
Tägliches Training stärkt deine Muskeln.
Gehirnakrobatik macht dich fit im Denken.

120 Bereit für die Gehirnakrobatik?

Wenn du Skizzen zeichnen oder Rechnungen aufschreiben möchtest, arbeite in deinem Heft!

1. Aus einem Eierkarton mit 6 Reihen zu je 6 Stück wird rundherum eine Reihe herausgenommen.
   Wie viele Eier bleiben noch im Karton?

2. Marco hat Geburtstag.
   Er sitzt mit seinen 5 Freunden an einem runden Tisch.
   Marco sitzt zwischen Oliver und Enzo.
   Gegenüber von Marco sitzt Niki.
   Links von Niki sitzt Theo.
   Gegenüber von Theo sitzt Oliver.
   Wo sitzt Gustav?

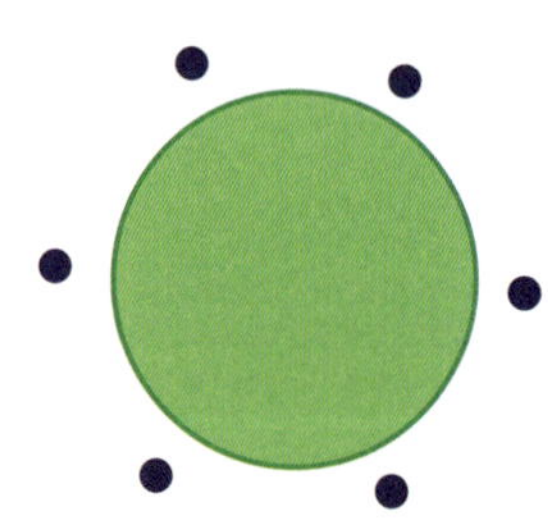

3. In der Stadt ist ein großer Platz. Jede Seite ist 60 m lang.
   Rundherum stehen Bäume im Abstand von je 6 m.
   Wie viele Bäume sind es?

4. Mutter und Tochter stellen sich zusammen auf die Waage.
   Diese zeigt genau 80 kg. Die Mutter wiegt um 16 kg mehr als ihre Tochter. Wie viel wiegt die Mutter?

5. Gloria denkt sich eine Zahl, multipliziert sie mit 3, addiert dann 4 und erhält 79.

6. Sascha ist 12 Jahre alt. Sandra ist jetzt 7 Jahre alt. Wie groß ist der Altersunterschied zwischen den Kindern? Wie groß ist er in fünf Jahren?

7. Ludwigs Eltern sind zusammen 76 Jahre alt. Seine Mutter ist um zwei Jahre jünger als sein Vater. Wie alt sind Mutter und Vater?

8. Alfred ist halb so alt wie sein Bruder Gregor. Zusammen sind die beiden 21 Jahre alt. Wie alt sind die Kinder?

9. Die Feriengruppe Schlaufüchse möchte ein Spiel in Gruppen durchführen. Wenn sie sich in Vierergruppen aufteilen, bleiben 3 Kinder übrig.
   Wenn sie Sechsergruppen bilden, bleiben 5 Kinder übrig.
   Es sind mehr als 20 und weniger als 30 Kinder.
   Wie viele Kinder sind es?

10. Eine kleine und eine große Fläche sind zusammen 100 m^2 groß. Die große Fläche ist viermal so groß wie die kleine Fläche. Wie groß sind die Flächen?

11. Alexandra bekommt ein Viertel der Torte.
    Christoph erhält zwei Achtel der Torte.
    Antonia erhält vier Sechzehntel von dieser Torte.
    Wer bekommt das größte Stück?
    Wie viel bleibt übrig?

12. Jeden Tag fahren 24 rote Kleinwagen an Lenas Haus vorbei. Sie zählt immer nur die roten, weil sie ihr am besten gefallen. Lena ist in der 4. Klasse. Wie lange braucht Lena für ihre Hausaufgaben?

121 Die verflixte 13

Das Ergebnis ist immer 13, wenn du in dieser Reihenfolge rechnest:

- Multipliziere irgendeine Zahl mit 6!
- Das Ergebnis multipliziere mit 3!
- Berechne von diesem Ergebnis die Ziffernsumme (von 13 ist die Ziffernsumme: 1 + 3 = 4)!
- Hat diese mehr als 2 Ziffern, dann berechne noch einmal die Ziffernsumme!
- Subtrahiere davon 5!
- Multipliziere dieses Ergebnis mit 3!
- Nun addiere noch 1!
- Was erhältst du?
- Überprüfe mit verschiedenen Zahlen, auch mit mehrstelligen!

---

122 Zahlenspielerei

1	2	3	4	5	6	7	8	9

Wähle aus diesen Ziffern fünf verschiedene aus.
z. B.: 2, 5, 7, 9, 1

Bilde damit die größte und die kleinste Zahl: 97 521 / 12 579.

Berechne die Differenz: 97 521 – 12 579 = 84 942

Spiele mit den Ziffern des Ergebnisses weiter.

123 Trainiere das Einmaleins – häufiges Üben macht dich sicher!

Zeichne ein Quadrat mit der Seitenlänge von 10 cm. Trage einen Raster von 1 cm in das Quadrat ein. Trage nun in das oberste linke Quadrat das Operationszeichen für die Multiplikation ein. Schreibe die Zahlen von 2 bis 10 in beliebiger Reihenfolge in die oberste Zeile und in die ganz linke Spalte. Nun übst du das Einmaleins, indem du die Ziffern miteinander multiplizierst. Es sind 81 Rechnungen – aber durch die möglichen Umkehrungen musst du nur halb so viele wirklich beherrschen! Nimm dir eine Stoppuhr und notiere dir, wie lange du brauchst, um alle Malsätzchen richtig zu rechnen. Zeichne immer neue Raster und ordne die Zahlen anders an. Übe so lange, bis du eine Zeit unter 3 Minuten erreichst!

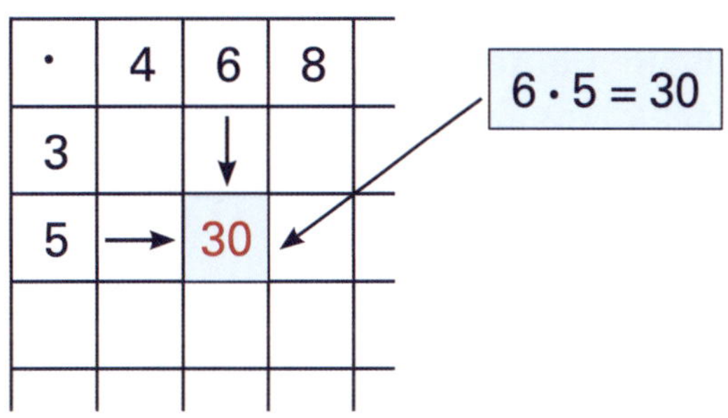

124 Trainingsvorschlag für Divisionen mit zweistelligem Divisor

Nimm einen Spielwürfel!
Nimm ein kariertes Blatt oder zeichne dir einen Raster!
Schreibe die gewürfelten Zahlen hinein.
Die erste Zahl in das Hunderttausender-Feld, die zweite in das Zehntausender-Feld usw. Du kannst auch vorher in ein Feld des Dividenden eine Null eintragen, das macht die Rechnung schwieriger.

HT	ZT	T	H	Z	E	:	Z	E	=

Zur Kontrolle solltest du unbedingt die Probe rechnen.

Vielleicht darfst du die Rechnungen anschließend mit dem Taschenrechner kontrollieren.
Achtung, wenn Rest bleibt, berechnet der Taschenrechner Zahlen mit Kommastellen!

Lass dir von einem Erwachsenen helfen!

Liebe Eltern, liebe Pädagogen und Pädagoginnen!
Vorne im Inhaltsverzeichnis finden Sie eine Übersicht, welche Bildungsstandards (bist) für Mathematik für die 4. Schulstufe in dieser Lernhilfe vorkommen, welche Kompetenzen zum Erreichen der Bildungsstandards in den Kapiteln speziell trainiert werden. Zum Erwerb jener Kompetenzen, die auf Kommunikation abzielen, brauchen die Schülerinnen und Schüler die Begleitung einer Lernpartnerin oder eines Lernpartners. Nur so können die Kinder Lösungswege erklären, Arbeitsweisen und Erkenntnisse beschreiben oder sprachliche Vergleiche anstellen.

Allgemeine mathematische Kompetenzen (AK)

Kompetenzbereich: Modellieren (AK 1)

1.1 Eine Sachsituation in ein mathematisches Modell (Terme und Gleichungen) übertragen, dieses lösen und auf die Ausgangssituation beziehen
Kompetenzen: Die Schülerinnen und Schüler können
- aus Sachsituationen relevante Informationen entnehmen,
- passende Lösungswege finden,
- die Ergebnisse interpretieren und sie überprüfen.

1.2 Ein mathematisches Modell in eine Sachsituation übertragen
Kompetenz: Die Schülerinnen und Schüler können
- zu Termen und Gleichungen Sachaufgaben erstellen.

Kompetenzbereich: Operieren (AK 2)

2.1 Mathematische Abläufe durchführen
Kompetenzen: Die Schülerinnen und Schüler können
- Zahlen, Größen und geometrische Figuren strukturieren,
- arithmetische Operationen und Verfahren durchführen,
- geometrische Konstruktionen durchführen.

2.2 Mit Tabellen und Grafiken arbeiten
Kompetenzen: Die Schülerinnen und Schüler können
- Tabellen und Grafiken erstellen,
- Informationen aus Tabellen und Grafiken entnehmen.

Kompetenzbereich: Kommunizieren (AK 3)

3.1 Mathematische Sachverhalte verbalisieren und begründen
Kompetenzen: Die Schülerinnen und Schüler können
- mathematische Begriffe und Zeichen sachgerecht in Wort und Schrift benützen,
- ihre Vorgangsweisen beschreiben und protokollieren,
- Lösungswege vergleichen und ihre Aussagen und Handlungsweisen begründen.

3.2 Mathematische Sachverhalte in unterschiedlichen Repräsentationsformen darstellen

Kompetenzen: Die Schülerinnen und Schüler können

- ihre Vorgangsweisen in geeigneten Repräsentationsformen festhalten,
- Zeichnungen und Diagramme erstellen.

Kompetenzbereich: Problemlösen (AK 4)

4.1 Mathematisch relevante Fragen stellen

Kompetenz: Die Schülerinnen und Schüler können

- ein innermathematisches Problem erkennen und dazu relevante Fragen stellen.

4.2 Lösungsstrategien (er)finden und nutzen

Kompetenzen: Die Schülerinnen und Schüler können

- geeignete Lösungsaktivitäten wie Vermuten, Probieren, Anlegen von Tabellen oder Erstellen von Skizzen anwenden,
- zielführende Denkstrategien wie systematisches Probieren oder Nutzen von Analogien einsetzen.

Kompetenzbereich: Arbeiten mit Zahlen (IK 1)

1.1 Zahldarstellungen und -beziehungen verstehen

Kompetenzen: Die Schülerinnen und Schüler können

- Zahlen im Zahlenraum 100 000 lesen und darstellen,
- sich im Zahlenraum 100 000 orientieren, Zahlen vergleichen und diese in Relation setzen,
- arithmetische Muster erkennen, beschreiben und fortsetzen.

1.2 Zahlen runden und Anzahlen schätzen

Kompetenzen: Die Schülerinnen und Schüler können

- Zahlen auf volle Zehner, Hunderter ... Zehntausender runden,
- Anzahlen schätzen.

1.3 Das Wesen der Bruchzahl verstehen

Kompetenzen: Die Schülerinnen und Schüler können

- Bruchzahlen darstellen,
- Bruchzahlen vergleichen, ordnen und zerlegen,
- Bruchzahlen im Zusammenhang mit Größen benützen.

Kompetenzbereich: Arbeiten mit Operationen (IK 2)

2.1 Die vier Grundrechnungsarten und ihre Zusammenhänge verstehen

Kompetenzen: Die Schülerinnen und Schüler

- verfügen über Einsicht in das Wesen von Rechenoperationen,
- können die Zusammenhänge zwischen den Grundrechnungsarten erklären,
- können Umkehroperationen verwenden, auch zur sinnvollen Überprüfung des Ergebnisses,
- können Tausch-, Nachbar- und Analogieaufgaben verwenden.

2.2 Mündliches Rechnen sicher beherrschen

Kompetenzen: Die Schülerinnen und Schüler

- beherrschen sicher und schnell additive Grundaufgaben im Zahlenraum 20,
- beherrschen sicher und schnell multiplikative Grundaufgaben im Zahlenraum 100,
- können nicht automatisierte Rechenoperationen in Teilschritten durchführen,
- können einfache Gleichungen mit Platzhaltern lösen,
- können Ergebnisschätzungen mit Hilfe von Überschlagsrechnungen durchführen.

2.3 Schriftliche Rechenverfahren beherrschen

Kompetenzen: Die Schülerinnen und Schüler

- verstehen die Algorithmen der schriftlichen Rechenverfahren,
- können die Algorithmen der schriftlichen Verfahren für Addition, Subtraktion, Multiplikation und Division durchführen,
- können die Lösung mit Hilfe einer Probe überprüfen.

Kompetenzbereich: Arbeiten mit Größen (IK 3)

3.1 Größenvorstellungen besitzen und Einheiten kennen

Kompetenzen: Die Schülerinnen und Schüler

- kennen genormte Maßeinheiten und können diese den Größenbereichen zuordnen,
- können geeignete Repräsentanten zu Maßeinheiten angeben,
- können Größen in unterschiedlichen Schreibweisen darstellen.

3.2 Größen messen und schätzen

Kompetenzen: Die Schülerinnen und Schüler

- beherrschen den Grundvorgang des Messens,
- können mit geeigneten Maßeinheiten messen,
- können Größen schätzen und ihre Vorgangsweise begründen.

3.3 Mit Größen operieren

Kompetenzen: Die Schülerinnen und Schüler können

- Größen miteinander vergleichen,
- mit Größen rechnen.

Kompetenzbereich: Arbeiten mit Ebene und Raum (IK 4)

4.1 Geometrische Figuren erkennen, benennen und darstellen

Kompetenzen: Die Schülerinnen und Schüler können

- geometrische Körper und Flächen benennen,
- die Eigenschaften geometrischer Figuren beschreiben,
- Modelle von geometrischen Körpern herstellen,
- geometrische Figuren zeichnen oder konstruieren.

4.2 Beziehungen bei geometrischen Figuren erkennen

Kompetenzen: Die Schülerinnen und Schüler können

- Lagebeziehungen zwischen Objekten im Raum und in der Ebene beschreiben und nutzen,
- vorgegebene geometrische Muster erkennen, selbst entwickeln oder fortsetzen,
- den Zusammenhang zwischen Plan und Wirklichkeit herstellen.

4.3 Mit geometrischen Figuren operieren

Kompetenzen: Die Schülerinnen und Schüler können

- geometrische Figuren zerlegen und sie wieder zusammensetzen,
- Netze den entsprechenden Körpern zuordnen und umgekehrt.

4.4 Umfang und Flächeninhalt ermitteln

Kompetenzen: Die Schülerinnen und Schüler können

- den Umfang einer geometrischen Figur mittels Einheitslängen messen,
- den Umfang von Rechteck und Quadrat berechnen,
- den Flächeninhalt einer geometrischen Figur mittels Einheitsflächen messen,
- den Flächeninhalt von Rechteck und Quadrat berechnen.

Quelle: Bundesinstitut bifie – Bildungsforschung, Innovation und Entwicklung des österreichischen Schulwesens
www.bifie.at